建筑业农民工职业技能培训教材

管　道　工

建设部干部学院　主编

华中科技大学出版社
中国·武汉

《建筑业农民工职业技能培训教材》
编审委员会名单

主编单位:建设部干部学院

编 审 组:(排名按姓氏拼音为序)

边　嫘　　邓祥发　　丁绍祥　　方展和　　耿承达

郭志均　　洪立波　　籍晋元　　焦建国　　李鸿飞

彭爱京　　祁政敏　　史新华　　孙　威　　王庆生

王　磊　　王维子　　王振生　　吴月华　　萧　宏

熊爱华　　张隆新　　张维德

前　言

为贯彻落实《就业促进法》和(国发〔2008〕5 号)《国务院关于做好促进就业工作的通知》文件精神,根据住房和城乡建设部［建人(2008)109 号］《关于印发建筑业农民工技能培训示范工程实施意见的通知》要求,建设部干部学院组织专家、工程技术人员和相关培训机构教师编写了这套《建筑业农民工职业技能培训教材》系列丛书。

丛书结合原建设部、劳动和社会保障部发布的《职业技能标准》、《职业技能岗位鉴定规范》,以实现全面提高建设领域职工队伍整体素质,加快培养具有熟练操作技能的技术工人,尤其是加快提高建筑业农民工职业技能水平,保证建筑工程质量和安全,促进广大农民工就业为目标,按照国家职业资格等级划分的五级:职业资格五级(初级工)、职业资格四级(中级工)、职业资格三级(高级工)、职业资格二级(技师)、职业资格一级(高级技师)要求,结合农民工实际情况,具体以"职业资格五级(初级工)"和"职业资格四级(中级工)"为重点而编写,是专为建筑业农民工朋友"量身订制"的一套培训教材。

同时,本套教材不仅涵盖了先进、成熟、实用的建筑工程施工技术,还包括了现代新材料、新技术、新工艺和环境、职业健康安全、节能环保等方面的知识,力求做到了技术内容最新、最实用,文字通俗易懂,语言生动,并辅以大量直观的图表,能满足不同文化层次的技术工人和读者的需要。

丛书分为《建筑工程》、《建筑安装工程》、《建筑装饰装修工程》3 大系列 23 个分册,包括:

一、《建筑工程》系列,11 个分册,分别是《钢筋工》、《建筑电工》、《砌筑工》、《防水工》、《抹灰工》、《混凝土工》、《木工》、《油漆工》、《架子工》、《测量放线工》、《中小型建筑机械操作工》。

二、《建筑安装工程》系列,6 个分册,分别是《电焊工》、《工程电气设备安装调试工》、《管道工》、《安装起重工》、《钳工》、《通风工》。

三、《建筑装饰装修工程》系列,6 个分册,分别是《镶贴工》、《装饰装修木工》、《金属工》、《涂裱工》、《幕墙制作工》、《幕墙安装工》。

本书根据"管道工"工种职业操作技能,结合在建筑工程中实际的应用,针对建筑工程施工材料、机具、施工工艺、质量要求、安全操作技术等做了具体、详细的阐述。本书内容包括管道工程用材料,管道工程施工机具,管道下料与连接,管道敷设与安装,管道试验与管道吹洗,管道工安全操作技术。

本书对于正在进行大规模基础设施建设和房屋建筑工程的广大农民工人和技术人员都将具有很好的指导意义和极大的帮助,不仅极大地提高工人操作技能水平和职业安全水平,更对保证建筑工程施工质量,促进建筑安装工程施工新技术、新工艺、新材料的推广与应用都有很好的推动作用。

由于时间限制,以及编者水平有限,本书难免有疏漏和谬误之处,欢迎广大读者批评指正,以便本丛书再版时修订。

编　者

2009 年 4 月

目　录

第一章　管道工程用材料

管道工程用材料分为金属材料和非金属材料。管道安装工程常用的金属材料主要有管材、管件、阀门、法兰、型刚等。管道安装工程常用的非金属材料主要有砌筑材料、绝热材料、防腐材料和非金属管材、塑料及复合材料水管等。

第一节　管　材

一、金属管材

按材质分有钢管和铜管，钢管分拉制钢管和挤制钢管两种；按使用性能可分为输送流体用钢管和结构钢管。流体输送钢管中常用的有低压输送流体用钢管、普通无缝钢管、螺旋缝焊接钢管、无缝钢管、锅炉用高压无缝钢管等。

1. 钢管

（1）无缝钢管。是工业建设中用量最大的管材，它的规格多、品种全、强度高、适用范围广。无缝钢管分为热轧、热挤压无缝钢管和冷轧（冷拔）无缝钢管两种。

普通无缝钢管用 10 号、20 号、35 号优质低碳钢或低合金钢制成，广泛用于中、低压管道工程中，如热力管道、压缩空气管道、氧气管道、乙炔管道以及强腐蚀性介质以外的各类化工管道。

锅炉用高压无缝钢管是用优质碳素钢、普通低合金钢（15MnV、12MnMoV、12MoVW）和合金结构钢（15CrMo、12CrMoV 等）制造的，用于制造锅炉设备及管道工程用的高压、超高压管道。在工业管道工程中，主要用于输送高压蒸汽、水或高温高压含氢介质。

（2）螺旋缝焊接钢管。有一般低压流体输送用螺旋缝埋弧焊钢管和高频焊钢管及承压流体输送用螺旋缝埋弧焊钢管和高频焊钢管，一般长度为 8～18 m，常用于工作压力不超过 1.6 MPa，介质最高温度不超过 200℃的直径较大的管道，如室外煤气、天然气及输油管道。

（3）低压输送流体用钢管。一般用 Q195、Q215、Q235 等牌号碳素钢制造，按表面质量分为镀锌钢管（俗称白铁管）和焊接钢管（俗称黑铁管）两种，还有直缝卷焊钢管，一般由现场自制或委托工厂加工；按管壁厚度不同分为普通钢管和加厚钢管。低压输送流体用钢管适用于输送水、燃气、空气、油、低压蒸汽等压力较低的流体。

2. 铜管

(1)铜管管材。常用的有紫铜管(工业纯铜)及黄铜管(铜锌合金)。按制造方法的不同分为拉制管、轧制管和挤制管,一般中、低压管道采用拉制管。紫铜管常用材料的牌号为:T2、T3、T4、TUP(脱氧铜),分为软质和硬质两种。黄铜管常用的材料牌号为:H62、H68、HP659—1,分为软质、半硬质和硬质三种。

(2)铜合金。为了改善黄铜的性能,在合金中添加锡、锰、铅、锌、磷等元素就成为特殊黄铜。添加元素的作用简述如下:

1)加锡能提高黄铜的强度,并能显著提高其对海水的耐蚀性能,故锡黄铜又称"海军黄铜";

2)加锰能显著提高合金工艺性能、强度和耐腐蚀性;

3)加铅改善切削加工性能和耐腐蚀性能,但塑性稍有降低;

4)加锌能够提高合金的机械性能和流动性能;

5)加磷能提高合金的韧性、硬度、耐磨性和流动性。

(3)铜管的应用。紫铜管与黄铜管大多数用在制造换热设备上,也常用在深冷装置和化工管道上,仪表的测压管线或传送有压液体管线方面也常采用。当温度大于250℃时,不宜在压力下使用。

挤制铝青铜管用 QAI10—3—1.5 及 AQI10—4—4 牌号的青铜制成,用于机械和航空工业,制造耐磨、耐腐蚀和高强度的管件。

锡青铜管系由 ASn4—0.3 等牌号锡青铜制成,适用于制造压力表的弹簧管及耐磨管件。

(4)铜管的质量。供安装用的铜管及铜合金管,表面与内壁均应光洁,无疵孔、裂缝、结疤、尾裂或气孔。黄铜管不得有绿锈和严重脱锌。铜及铜合金管道的外表面缺陷允许度有规定如下。

纵向划痕深度见表 1-1;偏横向的凹坑,其深度不超过0.03 mm,其面积不超过管子表面积的 30%,用作导管时其面积则不超过管子表面积的 0.5%。

表 1-1 铜及铜合金管纵向划痕深度规定

壁厚/mm	纵向划痕深度/mm	壁厚/mm	纵向划痕深度/mm
≤2	≤0.04	>2	≤0.05

注:用作导管的铜合金管道,不论壁厚大小,纵向划痕深度不应大于 0.03 mm。

二、塑料及复合材料管材

常用的塑料及复合材料管材,包括:聚乙烯(PE)管、涂塑钢管、丙烯腈-丁二烯-苯乙烯(ABS)管、聚丙烯(PP)管、无规共聚聚丙烯(PP-R)管、硬聚氯乙烯

(PVC-U)管、聚丁烯(PB)管、高密度聚乙烯(HDPE)管、交联聚乙烯(PE-X)管、交联铝塑复合(XPAP)管、氯化聚氯乙烯(PVC-C)管、钢塑复合管等。

(1)聚乙烯(PE)管。无毒,可用于输送生活用水,常用低密度聚乙烯水管(简称塑料自来水管),这种管材的外径与焊接钢管基本一致。

(2)涂塑钢管。具有优良的耐腐蚀性能和比较小的摩擦阻力。环氧树脂涂塑钢管适用于给水排水、海水、温水、油、气体等介质的输送,聚氯乙烯(PVC)涂塑钢管适用于排水、海水、温水、油、气体等介质的输送。根据需要可涂敷钢管的内外表面或仅涂敷外表面。涂塑钢管不能采用焊接连接,只能采用螺纹或法兰连接。

(3)丙烯腈-丁二烯-苯乙烯(ABS)管。耐腐蚀、耐温及耐冲击性能均优于聚氯乙烯管,它由热塑性丙烯腈-丁二烯-苯乙烯三元共聚体黏料经注射、挤压成型加工制成,使用温度为−20~70℃,压力等级分为B、C、D三级。

(4)聚丙烯(PP)管。丙烯管材系聚丙烯树脂经挤压成型而得,用于流体输送。按压力分为Ⅰ、Ⅱ、Ⅲ型,其常温下的工作压力:Ⅰ型为0.4 MPa、Ⅱ型为0.6 MPa、Ⅲ型为0.8 MPa。

(5)无规共聚聚丙烯(PP-R)管。也称三型聚丙烯管,是采用先进的气相法聚合工艺对PP的改性,是PP和PE的共聚物。无毒、卫生、水阻小、导热系数低、70℃以下可长期使用。

(6)硬聚氯乙烯(PVC-U)管。用于建筑工程排水,在耐化学性和耐热性能满足工艺要求的条件下,此种管材也可用于工业排水系统。

三、其他管材

(1)混凝土管。自应力钢筋混凝土压力管:自应力钢筋混凝土压力管为承插式,标准规格应符合《自应力混凝土输水管》(GB 4084—1999)的要求。此外,还有预应力钢筋混凝土压力管及混凝土及钢筋混凝土排水管。

(2)陶管。陶管分排水陶管及配件和化工陶管及配件,排水陶管及配件用于排输污水、废水、雨水或灌溉用水。

(3)石棉水泥管。石棉水泥管有石棉水泥输水管和石棉水泥输煤气管。

(4)橡胶管。橡胶管的用途较为广泛,种类也较多,常用于临时性工作场所。常用的输送无腐蚀性介质胶管有:输水胶管、吸水胶管、钢丝编织液压胶管。

第二节　管　件

一、钢管管件

1. 螺纹连接管件

钢管的连接及其配件,如图1-1所示。

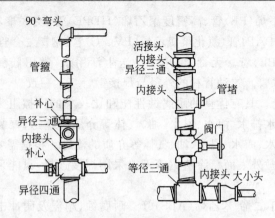

图 1-1　钢管配件及连接

采用螺纹连接时,其管件按用途不同,可分为以下几种。

(1)直线延长连接管件:管箍、对丝(内接头)。

(2)分叉连接管件:三通、四通。

(3)转弯连接管件:90°弯头、45°弯头。

(4)碰头连接管件:活接头(由任)、锁紧螺母(与长丝、管箍配套用)。

(5)变径连接管件:异径管箍(大小头)、补心(内外丝)、异径变头、异经三通、异径四通。

(6)堵塞管口管件:管堵、丝堵。

2.卡箍连接管件

管径不大于 $DN80$ 的钢管、衬塑钢管,常用螺纹连接,管径 $\geqslant DN80$ 的管子,则用卡箍连接更合适,其管件有正三通、正四通、90°弯头、45°弯头、盲板等,如图 1-2 所示。

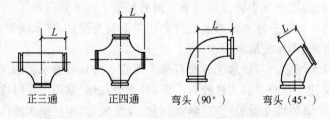

图 1-2　卡箍连接管件

二、铸铁管管件

1. 给水铸铁管管件

给水铸铁管的连接有法兰和承插连接两种,常用铸铁管管件如图 1-3 所示。

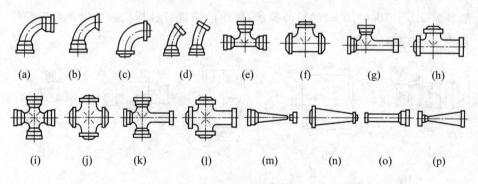

图1-3 给水铸铁管管件

(a)90°双承弯头;(b)90°承插弯头;(c)90°双盘弯头;(d)45°和22.5°承插弯头;

(e)三承三通;(f)三盘三通;(g)双承三能;(h)双盘三通;(i)四承四通;(j)四盘四通;

(k)三承四通;(l)三盘四通;(m)双承异径管;(n)双盘导径管;(o)、(p)承插异径管

2. 排水铸铁管管件

排水铸铁管分为柔性接口和承插接口,柔性接口管件是在承插接口管件的承口末端带有法兰。承插接口管件(图1-4)。

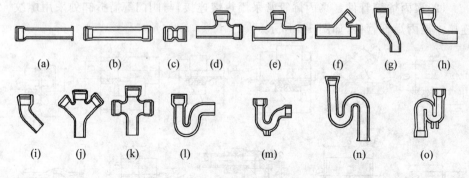

图1-4 排水铸铁管件

(a)承插直管;(b)双承直管;(c)管箍;(d)T形三通;(e)90°三通;

(f)45°三通;(g)弯曲形管;(h)弯管;(i)45°弯管;(j)Y形;(k)正四通;

(l)P形承插存水弯;(m)螺纹P形存水弯;(n)S形承插存水弯;(o)螺纹S形存水弯

三、铜及铜合金管管件

铜及铜合金管管件尚无国家通用的标准管件,弯头、三通、异径管等均用管材加工制作。

铜管的椭圆度和壁厚的不均匀度,不应超过外圆和壁厚的允许偏差。

四、塑料管管件

(1)硬聚氯乙烯给水管管件。其管件应符合《给水用硬聚氯乙烯(PVC—U)

管件》(GB/T 10002.2—2003)的要求,使用前应进行抽样检测鉴定。常用管件如图 1-5 所示。

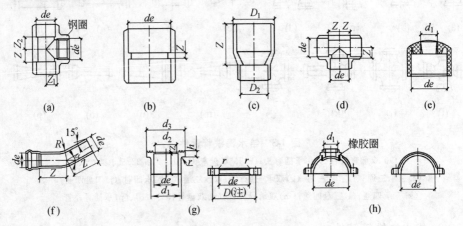

图 1-5 硬聚氯乙烯管件

(a)弯径三通;(b)套管;(c)异径管;(d)等径三通;(e)管堵;(f)单承弯头;(g)平承法兰;(h)鞍形接口

(2)聚丙烯管管件。聚丙烯管常采用热熔连接,与阀门等需拆卸处采用螺纹连接。聚丙烯管管件,如图 1-6 所示。

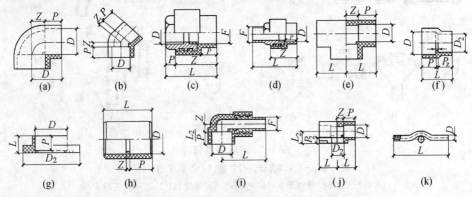

图 1-6 聚丙烯管件

(a)90°弯头;(b)45°弯头;(c)内螺纹接头;(d)外螺纹接头;(e)等径三通;
(f)异径直接;(g)法兰连接件;(h)等径直接;(i)外螺纹弯头;(j)异径三通;(k)绕曲管

第三节 阀 门

一、阀门的分类及其基本参数

1. 阀门的分类
阀门按结构和用途分类见表 1-2,按压力分类见表 1-3。

表 1-2　　　　　　　　　　　　　阀门按结构和用途分类

名称	闸阀	截止阀	球阀	旋塞阀	节流阀
传动方式	手动或电动,液动,直齿圆柱齿轮传动,锥齿轮传动	手动或电动	手动或电动,气动,电-液动,气-液动,涡轮传动	手动	手动
连接形式	法兰,焊接,内螺纹	法兰,焊接,内(外)螺纹,卡套	法兰,焊接,内(外)螺纹	法兰,内螺纹	法兰,外螺纹,卡套
用途	阻止介质倒流	防止介质压力超过规定数值,以保证安全	降低介质压力	阻止蒸汽溢漏,并迅速排除管道及用热设备中的凝结水	
传动方式	自动	自动	自动	自动	
连接形式	法兰,内(外)螺纹,焊接	法兰,螺纹	法兰	法兰,螺纹	

表 1-3　　　　　　　　　　　　　阀门按压力分类

项目	系数
低压阀	$PN \leqslant 1.6$ MPa
中压阀	1.6 MPa $< PN \leqslant 6.4$ MPa
高压阀	10 MPa $\leqslant PN \leqslant 100$ MPa
超高压阀	$PN > 100$ MPa

阀门的公称压力系列(MPa)有:0.1、0.25、0.4、0.6、1.0、1.6、2.5、4.0、6.4、10.0、16.0、20.0、25.0、32.0、40.0、50.0、64.0、80.0、100.0。除以上所述外,还可按输送介质、阀体材质、传动方式等分类。

2. 阀门的基本参数

(1)公称直径:公称直径是指阀门连接处通道的名义直径,用 DN 表示。它表示阀门规格的大小,是阀门最主要的尺寸参数。

(2)公称压力:公称压力是指阀门在基准温度下允许承受的最大工作压力,用 PN 表示。它表示阀门承压能力的大小,是阀门最主要的性能参数。

（3）适用介质：阀门工作介质的种类繁多，有些介质具有很强的腐蚀性，有些介质具有相当高的温度。这些不同性质的介质对阀门材料均有不同的要求，在设计、选用阀门时，应考虑各种型号产品所适用的介质。

（4）适用温度：阀门制造时，根据用途不同，选用不同的阀体、密封材料及不同的填料。不同的阀门，有不同的适用温度。对于同一阀门，在不同的温度下允许采用的最大工作压力也不同。所以选用阀门时，适用温度也是必须注意的参数。

二、阀门标志

阀门的类别、驱动方式和连接形式，可以从阀件的外形加以识别。公称直径、公称压力（或工作压力）和介质温度以及介质流动方向，则由制造厂按表1-4规定标注在阀门正面中心位置上。对于阀体材料、密封圈材料以及带有衬里的阀件材料，必须根据阀件各部位所涂油漆的颜色来识别。阀门标志的识别见表1-4；阀体材料涂漆的识别见表1-5；密封面材料涂漆的识别见表1-6。

表 1-4   阀门标志的识别

标志形式	阀门的规格及特性					
	阀门规格				阀门形式	介质流动方向
	公称直径/mm	公称压力/MPa	工作压力/MPa	介质温度/℃		
$\frac{P_G40}{50}$→	50	4.0			直通式	介质进口与出口的流动方向在同一或相平行的中心线上
$\frac{P_{51}100}{100}$→	100		10.0	510		
$\frac{P_G40}{50}$→	50	4.0			直角式	介质进口与出口的流动方向成90°角 / 介质作用在关闭件下
$\frac{P_{51}100}{100}$→	100		10.0	510		
$\frac{P_G40}{50}$↓	50	4.0			直角式	介质进口与出口的流动方向成90°角 / 介质作用在关闭件上
$\frac{P_{51}100}{100}$↓	100		10.0	510		
←$\frac{P_G16}{50}$→	50	1.6			三通式	介质具有几个流动方向
←$\frac{P_{51}100}{100}$→	100		10.0	510		

表 1-5   阀体材料涂漆识别

阀体材料	识别涂漆颜色
灰铸铁,可锻铸铁	黑 色
球墨铸铁	银 色
碳素钢	中灰色
耐酸钢,不锈钢	天蓝色
合金钢	中蓝色

表 1-6   密封面材料涂漆识别

密封面材料	识别涂漆颜色
铜合金	大红色
锡基轴承合金(巴氏合金)	淡黄色
耐酸钢,不锈钢	天蓝色
渗氮钢,渗硼钢	天蓝色
硬质合金	天蓝色
蒙乃尔合金	深黄色
塑 料	紫红色
橡 胶	中绿色
铸 铁	黑 色

注:1.阀座和启闭件密封面材料不同时,按低硬度材料涂色;

    2.止回阀涂在阀盖顶部;安全阀、减压阀、疏水阀涂在阀罩或阀帽上。

第四节　法兰及紧固件

一、法兰的常用形式

常用法兰有铸铁管法兰、钢制管法兰等。钢制管法兰种类较多,有平焊法兰、对焊法兰、松套法兰等。

1.平焊法兰

平焊法兰适用于公称压力不超过 2.5 MPa 的碳素钢管道连接。平焊法兰的密封面可以制成光滑式(图 1-7)、凹凸式(图 1-8)和榫槽式三种,光滑式平焊法兰的应用量最大。

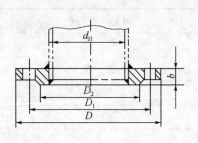

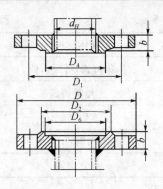

图 1-7　光滑式平焊钢法兰　　　　图 1-8　凹凸式平焊钢法兰

2.对焊法兰

对焊法兰用于法兰与管子的对口焊接,其结构合理,强度与刚度较大,经得起高温高压及反复弯曲和温度波动,密封性可靠。公称压力为 0.25～2.5 MPa 的对焊法兰,采用凹凸式密封面。

3.松套法兰

松套法兰俗称活套法兰,分焊环活套法兰、翻边活套法兰和对焊活套法兰。

二、紧固件

(1)六角头螺栓、螺母。螺栓和螺母用于水管法兰连接和给水排水设备与支架的连接,通常使用六角头螺栓和六角螺母。

(2)垫圈。垫圈分平垫圈和弹簧垫圈两种。

平垫圈垫于螺母下面,保护被连接件表面以免被螺母擦伤,增大螺母与被连接件之间的接触面积,降低螺母作用在被连接件表面上的压力。

三、法兰及紧固件的材料选用

(1)法兰与法兰盖及紧固件材料的选用见表 1-7。

表 1-7　　　　　　　　　法兰与法兰盖及紧固件材料选用

零件名称	公称压力/MPa	介质在下列温度时使用的钢号/℃					
		<300	<350	<400	<425	<450	<530
法兰与法兰盖	0.25,0.6,1.60,2.5	Q235A	20 和 25				
	4.0,6.4,10.0	20 和 25					12CrMo 15CrMo
	16.0,20.0						12CrMo 15CrMo

续表

零件名称	公称压力/MPa	介质在下列温度时使用的钢号/℃					
		<300	<350	<400	<425	<450	<530
螺栓与双头螺栓	0.25,0.6,1.0,1.6,2.5	Q275,Q235		25 和 35		30CrMoA 35CrMoA	25Cr2Mo
	1.6,2.5	35 和 40				30CrMoA 35CrMoA	
螺母	0.25,0.6,1.0,1.6,2.5	Q235		20 和 30		30 和 45	
	4.0,6.4,10.0	25 和 35					30CrMo 35CrMo
	16.0,20.0	35 和 45					30CrMo 35CrMo
垫圈	4.0,6.4,10.0,16.0,20.0	25 和 35					12CrMo 15CrMo

（2）法兰型式与垫片材料的选用见表1-8。

表 1-8　　　　　　　　　　法兰型式与垫片材料选用

介质	法兰公称压力/MPa	介质温度/℃	法兰类型	垫片材料
水、盐水、碱液、乳化液、酸类	≤1.0	<60	光滑面平焊	工业橡胶板、低压橡胶石棉板
	≤1.0	<90		
热水、软化水、水蒸气、冷凝液	≤1.6	≤200	光滑面平焊	低、中压橡胶石棉板、中压橡胶石棉板
	2.5	≤300		
	2.5	301～450	光滑面对焊	缠绕式垫片
	4.0	≤450	凹凸面对焊	缠绕式垫片
	4.0～6.4	<660		金属齿形垫片

第五节　管道安装工程其他常用材料

一、支架材料

（1）型钢。管道工程安装用型钢有圆钢、方钢、扁钢、H 型钢、工字钢、角钢、槽钢、钢轨等。

（2）板材。按其厚度可分为厚板、中板和薄板；按其轧制方式可分为热轧板和冷轧板，其中冷轧板只有薄板；薄板的品种很多，常用的有普通碳素钢薄板、普通低合金结构钢薄板、镀锌钢薄板等。

二、保温材料

常用保温材料的种类较多,使用时应根据设计要求来进行备料与施工。常用保温材料的性能及使用范围,见表1-9。

表1-9 常用保温材料的性能及使用范围

序号	材料名称	使用范围
1	膨胀珍珠岩类: 散料(一级) 散料(二级) 散料(三级) 水泥珍珠岩板、管壳 水玻璃珍珠岩板、管壳 憎水珍珠岩制品	密度轻,导热系数小,化学稳定性好,不燃,不腐蚀,无毒,无味,价廉,产量大,资源丰富,适用广泛
2	离心玻璃棉 普通玻璃棉类: 中级纤维淀粉黏结制品 中级纤维酚醛树脂制品 玻璃棉沥青黏结制品	耐酸,抗腐蚀,不烂,不蛀,吸水率小,化学稳定性好,无毒无味,价廉,寿命长,导热系数小,施工方便,但刺激皮肤
3	超细玻璃棉类: 超细棉(原棉)、超细棉无脂毡和缝合垫、超细棉树脂制品、无碱超细棉	密度小,导热系数低,特点同普通玻璃棉,但对皮肤刺激小
4	微孔硅酸壳	耐高温
5	矿棉类: 矿棉保温管(管壳) 沥青矿棉毡 矿棉保温板、带	密度小,导热系数小,耐高温,价廉,货源广,填充后易沉陷,施工时刺激皮肤,且尘土大
6	岩棉类: 岩棉保温板(板硬质) 岩棉保温毡 岩棉保温带 岩棉保温管壳	密度小,导热系数小,适用温度范围广,施工简便,但刺激皮肤
7	泡沫塑料类: 可发性聚苯乙烯塑料板 可发性聚苯乙烯塑料管壳 硬质聚氨酯泡沫塑料制品 软质聚氨酯泡沫塑料制品 硬质聚氯乙烯泡沫塑料制品 软质聚氯乙烯泡沫塑料制品	密度小,导热系数小,施工方便,不耐高温,适用于60℃以下的低温水管道保温。 聚氨酯可现场发泡浇筑成型,强度高,成本也高,此类材料可燃,防火性差,分自燃型与阻燃型

三、防腐材料

防腐材料大致可分为高分子材料、无机非金属材料、复合材料和涂料等，广泛用于安装工程中。常用防腐材料有以下几种。

（1）塑料制品：聚氯乙烯、聚乙烯、聚四氟乙烯等。

（2）橡胶制品：天然橡胶、氯化橡胶、氯丁橡胶、氯磺化聚乙烯橡胶、丁苯橡胶、丁酯橡胶等。

（3）玻璃钢及其制品：以玻璃纤维为增强剂，以合成树脂为胶黏剂制成的复合材料。

（4）陶瓷制品：泵用零件、轴承等，主要用于防腐蚀工程中。

（5）油漆及涂料：无机富锌漆、防锈底漆，广泛用于设备管道工程中，如清漆、冷固环氧树脂漆、环氧树脂漆、酚醛树脂漆等。

第二章　管道工程施工机具

第一节　弯管机械

一、手动弯管机

手动弯管机的外形，如图 2-1 所示。其主要技术参数见表 2-1。

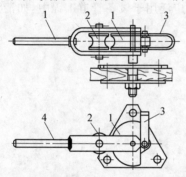

图 2-1　手动弯管机外形

1—定胎轮；2—动胎轮；3—管子夹持器；4—手柄

表 2-1　手动弯管机的主要技术参数

管子尺寸 /mm	最大弯曲角度 ≤/(°)	弯曲半径 /mm
$\phi 10 \times 2$	180	4D
$\phi 12 \times 2$	180	4D
$\phi 14 \times 2$	180	4D
$\phi 16 \times 2$	180	4D
$\phi 19 \times 2$	180	4D
$\phi 22 \times 2$	180	4D
$\phi 25 \times 2$	180	4D

手动弯管机是一种不用灌砂、不用加热的冷揻管道设备，用于管径较小、壁厚较薄的管道弯管制作。弯管时，根据管径大小选用合适胎轮，把管子插入定胎轮和动胎轮之间，一端用管压力固定，然后推动推棒，绕定胎轮转动，直至弯出所需角度为止。弯管过程中用力要平衡、匀称，不要用力过猛，以免损坏设备和影响弯管质量。要经常加注机油，使其使用灵活不锈蚀。用完后应妥善保管。

二、自动弯管机

自动弯管机又称电动弯管机。工作原理与手动弯管机基本相同。自动弯管机的构造主要有机体、夹紧导向机构、机架和电气操作箱等几部分组成。

自动弯管机揻管前，应作好弯曲样板，并调好弯曲角度和限位开关，将管子夹紧，使管子与导槽接触好，然后开动弯管机进行揻管。弯管机各回转

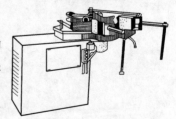

图 2-2　电动弯管机

处要及时加注润滑油，以保证运转灵活。图 2-2 所示为一台电动弯管机。

自动弯管机的使用注意事项：

（1）使用电动弯管机应熟悉机械的性能和操作方法。

（2）操作前应检查各部件，是否完好无缺，特别是电气开关、线路性能是否良好，传动和润滑系统有无障碍。

（3）使用的胎具角度要准确，弯管时，使用角尺样板随时进行测量检查。

（4）操作过程中，如发现异常，应及时停机检查，处理后，方可继续使用。

第二节　套丝机械

一、手工套丝工具

手工套丝所使用的工具，称为管子铰板，如图 2-3 所示，主要由机身、板把、板牙等部分组成。

铰板规格分为 1 号（114 型）和 2 号（117 型）两种。1 号铰板可套½″、¾″、1″、1¼″、1½″、2″六种管螺纹，2 号铰板可套 2½″、3″、3½″、4″四种管螺纹。每种规格的铰板分别配有几套相应的板牙，每套板牙可以套两种管径的管螺纹。

每套板牙有四个，刻有 1～4 序号，机身上板牙孔口处也刻有 1～4 的标号，安装板牙时，先将刻有固定盘"0"的位置对准，然后对号将板牙插入孔内，转动固定盘可以使四个板牙向中心靠近，板牙就固定在铰板内。

套丝时，将管子放在压力案上的压力钳内，留出 150 mm 左右的长度卡紧，将管子铰板轻轻套入管口，调整后卡爪滑盘将管子卡住，再调整固定盘面上的管子口径刻度，对好需要的管子口径。然后两手推管子铰板，带上 2～3 扣，再站到侧面按顺时针方向转动手柄，在套丝处加些机油，用力要均匀，待螺纹即将套成时，轻轻松开板机，开机退板，保持螺纹应有锥度（俗称拔梢），锥形螺纹连接更为紧密。

根据管径大小，一般螺纹需要 2～3 板次或更多的板次才能套成（管径在 40 mm 以下两次套成，50 mm 以上三次套成）。分几次套丝时，第一次板标盘刻度可以稍定大些，每套一次所对标盘刻度应使板牙较前次稍加紧缩。

螺纹的加工长度无具体规定时，可按表 2-2 的尺寸加工。

表 2-2　　　　　　　　　　管子螺纹加工尺寸

管径		短螺纹		长螺纹		连接阀门螺纹
/mm	/in	长度/mm	螺纹数/牙	长度/mm	螺纹数/牙	长度/mm
15	½	14	8	50	28	12
20	¾	16	9	55	30	13.5

续表

管径		短螺纹		长螺纹		连接阀门螺纹
/mm	/in	长度/mm	螺纹数/牙	长度/mm	螺纹数/牙	长度/mm
25	1	18	8	60	26	15
32	1¼	20	9	65	28	17
40	1½	22	10	70	30	19
50	2	24	11	75	33	21
70	2½	27	12	85	37	23.5
80	3	30	13	100	44	26

二、机械套丝工具

机械套丝是指用套丝机加工管螺纹,目前我国已普遍使用,主要采用的机械是套丝切管机,如图 2-4 所示。

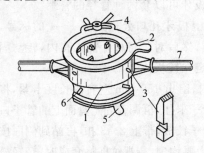

图 2-3　管子铰板

1—本体;2—前卡板;3—板牙;4—前卡板压紧螺丝;
5—后卡板;6—板牙松紧螺丝;7—手柄

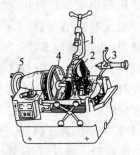

图 2-4　套丝切管机

1—切刀;2—板牙头;3—铣刀;
4—前卡盘;5—后卡盘

(1)使用套丝机套丝时,先将管子在卡盘内卡紧,由电动机经减速箱带动管子转动,扳动刀具托架手柄,能使板牙头或铣锥作纵向运动,进行套丝及铣口工作。套完丝后可旋转切刀丝杠来进行切管。另外,套丝机的冷却液(润滑油)是通过主轴上的齿轮带动固定在机壳内的齿轮泵而喷出的。

(2)套丝机一般以低速进行工作,操作时不可逐级加速,以防损坏板牙或毁坏机器。套丝时,不可用锤击的方法旋紧或放松背面档脚、进刀手把和活动标盘。套长管时,要将管子架平。螺纹套成后,要将进刀手把及管子、夹头松开,将管子慢慢退出,避免碰伤螺纹。

(3)直径在 40 mm 以上的管子套丝时,要分两次进行,不可一次套成,以防损坏板牙或出现坏丝。前后两次套丝的螺纹轨迹要注意重合,避免出现乱丝。

（4）套丝的质量要求：螺纹表面要光洁、无裂缝、允许有微毛刺；螺纹高度的减低量，不得超过 10%；螺纹断缺总长度，不得超过表 2-2 中规定长度的 10%，断缺处不得纵向连贯；螺纹工作长度可允许短 15%，但不应超长；螺纹不得有偏丝、细丝和乱丝等缺陷。

第三节　常用手工机具

一、管钳、链条管钳

管钳又称管子扳手，用于安装与拆卸管子及管件。管钳分张开式和链条式两种，如图 2-5 所示。张开式管钳是由钳柄和活动钳口组成，活动钳口与钳把用套夹相连，用螺母调节钳口大小，钳口上有轮齿以便咬牢管子转动。链条管钳，用于较大外径管子的安装或拆卸。其中链条也是用来固牢管子的。

管钳、链条管钳的规格及使用范围，见表 2-3。

表 2-3　张开式、链条式管钳的规格及使用范围

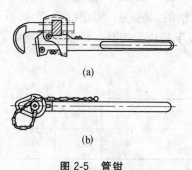

图 2-5　管钳
（a）张开式；（b）链条式

名称	规格(in)①	使用范围（公称直径）	
		/mm	/in
张开式管钳	10	15~20	
	14	20~25	
	18	30~40	
	24	40~50	
	36	70~80	
	48	80~100	
链条式管钳	36	80~125	3~5
	48	80~200	3~8

注：①1in＝2.54cm。

二、套螺纹板

套螺纹板亦称管子铰板，又叫代丝。用于手工套割管子外螺纹。

三、钢锯、锯管器

钢锯可分为固定式和可调式锯弓两种。它和锯管器，又称管子割刀，都可用来锯（割）断管子或钢件（圆钢、角钢等）。

四、管子台虎钳

管子台虎钳又称龙门台虎钳，龙门轧头（龙门压力）如图 2-6 所示。它是以把手回转丝扣，使上牙板上下移动，与下牙板一起把管子卡紧，以便进行套螺纹

或锯（割）管子等。管子台虎钳的规格，见表 2-4。它分为
6 种规格（号），适用公称管径在 15～250 mm 范围内。

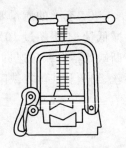

表 2-4　　　　　管子台虎钳规格表　　　（单位：mm）

规格/号	1	2	3	4	5	6
夹持管子外径	10～73	10～89	15～114	15～165	30～220	30～300

图 2-6　龙门轧头

五、台虎钳

台虎钳又称老虎钳，虎钳子。同样可以用来夹稳管子。它有两种形式：固定式不能转动；转盘式可按工作需要转动，使工人在工作时具有更大的方便。钳口的宽度，固定式有 2″、3″、4″、5″、6″、7″、8″、12″ 八种；转盘式有 3½″、4″、5″、6″、8″ 五种。

六、活扳手、呆扳手、梅花扳手、套筒扳手

扳手的作用是用于安装拆卸四方头和六方头螺栓及螺母、活接头、阀门、根母等零件和管件。活扳手的开口大小是可以调整的，呆扳手、梅花扳手、套筒扳手的开口不能进行调节，其中梅花扳手和套筒扳手是成套工具。活扳手的规格，见表 2-5。

表 2-5　　　　　　　　　　　活扳手的规格　　　　　　　　（单位：mm）

全长	100	150	200	250	300	370	450	600
最大开口宽度	14	19	24	30	36	46	55	65

七、管用丝锥和丝锥铰手

管用丝锥又称管子螺丝攻，可用于铰制金属管子和机械零件的内螺纹。它分为圆柱形和圆锥形两种，如图 2-9 所示。

丝锥铰手又称螺丝攻铰手、螺丝攻扳手。旋转两端把手，可装夹丝锥上的方头，从而攻制小直径的金属管子和机械零件的内部螺纹，如图 2-10 所示。

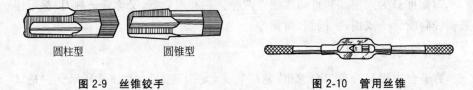

圆柱型　　　　　　圆锥型

图 2-9　丝锥铰手　　　　　　　　　图 2-10　管用丝锥

八、铸管捻口工具

1.锤子(手锤)

打石棉水泥接口时,工人左手握麻錾子(凿子)或灰錾子,右手握锤子用来打麻錾子、灰錾子。锤子的规格,分别为 0.22 kg、0.33 kg、0.44 kg、0.66 kg、0.88 kg、1.1 kg、1.32 kg。

2.麻錾子、灰錾子

麻錾子、灰錾子用来给承插口间隙填塞填料。其规格一般根据管径大小,选定螺纹钢或圆钢现场锻制。贴里、贴外打口使用的麻錾子或灰錾子,其尺寸如图 2-11 所示,括号内的数字为灰錾子数值。

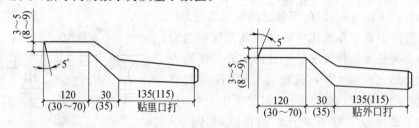

图 2-11 麻錾子、灰錾子(单位:mm)

九、手摇砂轮架

手摇砂轮架携带方便,特别适合于手工工场、流动工地及一时难以接通电源的地方。它可以用来磨削管子和小型工件的表面、磨锐刀具或对小口径管子进行坡口等,如图 2-12 所示。

十、组对散热器用的钥匙

散热器的组对,一般在特制的组装架上进行。架高为 600 mm。组对用的工具,称为钥匙,是用 $\phi25$ mm 圆钢锻制而成的,如图 2-13 所示。组对长翼型散热器的钥匙,长约 350~400 mm;柱形散热器的钥匙,长约 250 mm。为了拆卸成组散热器的中间片,还需配有较长的钥匙,其长度根据需要而定。

图 2-12 手摇砂轮架

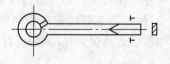

图 2-13 组对散热器用的钥匙

第三章 管道下料与连接

第一节 管道下料

管道系统由不同形状、不同长度的管段组成。管段是指两管件（或阀件）之间的一段管道，管段长度（构造长度）就是两管件中心的距离。水暖工要掌握正确的量尺下料方法，以保证管道的安装质量。

管段中管子在轴线方向的有效长度称为管段的安装长度。管段安装长度的展开长度称为管段的加工长度（下料长度）。当管段为直管时，加工长度等于安装长度；如管段中有弯时，其加工长度等于管子展开后的长度，如图 3-1 所示。

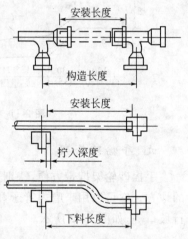

图 3-1 管段长度表示法

一、量尺

量尺的目的是要得到管段的构造长度，进而确定管子加工长度。当建筑物主体工程完成后，可按施工图上管子的编号及各部件的位置和标高，计算出各管段的构造长度，同时用钢尺进行现场实测并核查。根据实测与计算的结果绘制出加工安装草图，标出管段的编号与构造长度。

具体量尺有以下几种方法。

（1）直线管段上的量尺，可使尺头对准后方管件（或阀件）的中心，读前方管件（或阀件）的中心，得到管段的构造长度。

（2）沿墙、梁、柱等安装管道，量尺时尺头顶住墙表面，读另一侧管件的中心读数。再从读数中减去管道与建筑墙面的中心距离，则得到管段的构造长度。

（3）各楼层立管的安装标高的量尺，应将尺头对准各楼层地面，读设计安装标高净值。为确保量尺准确，应在吊线弹出立管的垂直安装中心线上量尺。

二、下料

由于管件自身有一定长度，且管子螺纹连接时又要深入管件内一段长度，因此，量出构造长度后，还要通过一定的方法才能得出准确的下料长度。管段的下料方法,有计算法和比量法两种。

1.计算法

(1)螺纹连接计算下料。管子的加工长度应符合安装长度的要求,当管段为直管时,加工长度等于构造长度减去两端管件长的一半再加上内螺纹的长度,如图 3-2 所示。

其下料尺寸 l'_1 按下式计算:

$$l'_1 = L_1 - (b+c) + (b'+c') \qquad (3-1)$$

当管段中有转弯时,应将其展开计算,按下式计算:

$$l'_2 = L_2 - (a+b) + (a'+b') - A + L \qquad (3-2)$$

式中　a、b、c——管件的一半长度;

　　a'、b'、c'.——管螺纹拧入的深度,可参照表 3-1 选取;

　　L_1、L_2——管段构造长度;

　　A、L——弯管的直边、斜边长度。

表 3-1　　　　　　　　　　管螺纹拧入深度　　　　　　　　(单位:mm)

公称直径	15	20	25	32	40	50
拧入深度	11	13	14	16	18	20

(2)承插连接计算下料。计算时,先量出管段的构造长度,并且查出连接管件的有关尺寸,如图 3-3 所示,然后按下式计算其下料长度:

$$l = L - (l_1 - l_2) + a - l_4 + b \qquad (3-3)$$

式中字母代表的尺寸,如图 3-3 所示。

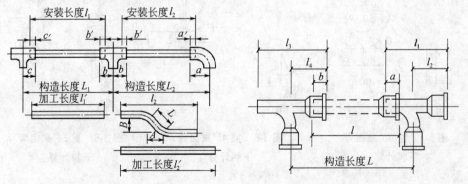

图 3-2　管段长度示意　　　　　　　图 3-3　承插管下料尺寸

2.比量法

(1)螺纹连接的比量下料。先在管子一端拧紧安装前方的管件,用连接后方的管件比量,使其与前方管件的中心距离等于构造长度,从管件边缘按拧入深度在直管(或弯管)上划出切割线,再经切断、套丝后即可安装。

(2)承插连接的比量下料。先在地上将前后两管件中心距离作为构造长度,再将一根管子放在两管件旁,使管子承口处于前方管件插口的插入深度,在管子另一端量出管件承口的插入深度处,划出切断线,经切断后即可安装。

比量下料的方法简便实用,在现场施工时应用广泛。

(3)揻弯管件的下料。揻弯管件的下料可按表3-2中所列公式计算。

表 3-2 揻管下料计算公式

揻弯度数	计算公式
90°	$2\pi R/4 = 1.57R$
45°	$1.57R/2 = 0.785R$
任意角	$2\pi R\alpha/360° = 0.1745R\alpha$
60°来回弯	下料总长 $= L_1 + L_2 + 1.155$ 挡距 $+0.939R$,如图3-4所示,L_1、L_2 分别为两管端点到起弯点的直线距离。 挡距是指 L_1、L_2 两管间的垂直距离
45°来回弯	下料总长 $= L_1 + L_2 + 1.4142$ 挡距 $+0.742R$,如图 3-5 所示
30°来回弯	下料总长 $= L_1 + L_2 + 2$ 挡距 $+0.511R$,如图 3-6 所示

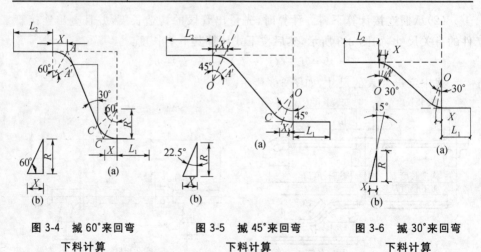

图 3-4　揻 60°来回弯　　　图 3-5　揻 45°来回弯　　　图 3-6　揻 30°来回弯
　　下料计算　　　　　　　　　下料计算　　　　　　　　　下料计算

第二节　管道的连接

管道连接是指按照设计图的要求,将已经加工预制好的管段连接成一个完整的系统。

在施工中,根据所用管子的材质选择不同的连接方法。铸铁管一般采用承插连接;普通钢管有螺纹连接、焊接和法兰连接;无缝钢管、有色金属及不锈钢管多为焊接和法兰连接;塑料管的连接有:螺纹连接、黏接和热熔连接、卡套式连接等。

一、金属管道连接

1. 螺纹连接

螺纹连接(也称丝扣)连接,可用于冷、热水,煤气以及低压蒸汽管道。在施工中使用螺纹连接的最大管径一般都是在 150 mm 以下。

(1)螺纹选择。

按螺纹牙型角度的不同,管螺纹分为 55°管螺纹和 60°管螺纹两大类。在我国长期以来广泛使用 55°管螺纹。当焊接钢管采用螺纹连接时,管子外螺纹和管件内螺纹均应用 55°螺纹。在引进项目中会遇到 60°管螺纹。因此,在从国外引进的装置或购买的产品使用管螺纹连接时,应首先确定是 55°管螺纹还是 60°管螺纹,以免发生技术上的失误。

用于管子连接的螺纹有圆锥形和圆柱形两种。连接的方式有三种:圆柱形内螺纹套入圆柱形外螺纹,如图 3-7 所示;圆柱形内螺纹套入圆锥形外螺纹,如图 3-8 所示;圆锥形内螺纹套入圆锥形外螺纹,如图 3-9 所示。其中后两种方式在施工中普遍使用。

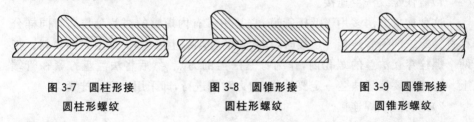

图 3-7　圆柱形接 圆柱形螺纹　　　图 3-8　圆锥形接 圆柱形螺纹　　　图 3-9　圆锥形接 圆锥形螺纹

(2)螺纹连接。

管螺纹连接时,先在管子外螺纹上缠抹适量的填料。管子输送的介质温度在 120℃以内可使用油麻丝和铅油做填料。操作时,一般将油麻丝从管螺纹第二、三扣开始沿螺纹按顺时针缠绕。缠好后再在麻丝表面上均匀地涂抹一层铅油。然后用手拧上管件,再用管钳或链条钳将其拧紧。当输送介质温度较高时,最好使用聚四氟乙烯作密封填料,方法与用麻丝基本相同。

聚四氟乙烯生料带(简称生料带或生胶带),可用于－180～250℃的液体和气体及耐腐蚀性管道,如煤气管道、冷冻管道以及其他无特殊要求的一般性管道。生料带使用方法简便,将其薄膜紧紧地缠在螺纹上便可装配管件。

以上各种填料在螺纹连接中只能使用一次,若螺纹拆卸,应重新更换。

管螺纹连接时,要选择合适的管钳,用小管钳紧大管径达不到拧紧的目的,用大管钳拧小管径,会因用力控制不准而使管件破裂。上管件时,要注意管件的位置和方向,不可倒拧。

2. 法兰连接

法兰连接就是将固定在两个管口(或附件)上的一对法兰盘,中间加入垫圈,然后用螺栓拉紧密封,使管子(或附件)连接起来。

法兰连接是一种可随时装卸接头。可使管道系统增加泄漏性和降低管道弹性,同时造价也高些。优点是结合强度高,拆卸方便。

一般在低压管道(工作压力<2.5 MPa)中,法兰盘多用于管道与法兰阀门的连接;在中压管道(工作压力 2.6～10.0 MPa)和高压管道(工作压力≥10 MPa)中,法兰盘除用于阀门连接外,适用于与法兰配件和设备的连接。在施工中,法兰连接用处较少,没有焊接使用广泛,主要原因是法兰盘造价高,耗钢多,连接点占地大,拆装时费工费时。

常用的法兰盘有铸铁和钢制两类。法兰盘与管子连接有螺纹、焊接和翻边松套三种。在管道安装中,一般以平焊钢法兰为多用,铸铁螺纹法兰和对焊法兰则较少用,而翻边松套法兰常用于输送腐蚀性介质的管道,工作压力在 0.6 MPa 范围内。

(1)法兰连接操作。

1)铸铁螺纹法兰连接。

这种连接方法多用于低压管道,它是用带有内螺纹的法兰盘与套有同样公称直径螺纹的钢管连接。连接时,在套丝的管端缠上麻丝,涂抹上铅油填料。把两个螺栓穿在法兰的螺孔内,作为拧紧法兰的力点.然后将法兰盘拧紧在管端上。连接时要注意法兰一定要拧紧,加力对称进行,即采用十字法拧紧。

2)钢法兰平焊连接。

平焊钢法兰用的法兰盘通常是用 A3、A5 和 20 号钢加工的,与管子的装配是用手工电弧焊进行焊接。焊接时,先将管子垫起来,用水平尺找平,将法兰盘按规定套在管子上,用角尺或线锤找平,对正后进行点焊。然后检查法兰平面与管子轴线是否垂直,再进行焊接。焊接时,为防止法兰变形,应按对称方向分段焊接,如图 3-10 所示。

注意:平焊法兰的内外两面必须与管子焊接。

3)翻边松套法兰连接。

翻边松套法兰,如图 3-11 所示。一般塑料管、铜管、铅管等连接时常用。翻边要求平直,不得有裂口或起皱等损伤。

翻边时,要根据管子的不同材质选择不同的操作方法,如聚氯乙烯塑料管翻边是将翻边部分加热(130～140℃)5～10 分钟后,将管子用胎具扩大成喇叭口后再翻边压平,冷却后即可成型。

铜管翻边是将经过退火的管端画出翻边的长度,套上法兰,用小锤均匀敲打,即可制成。

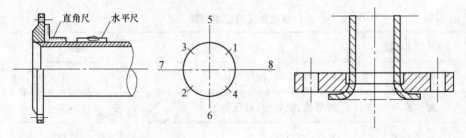

图 3-10 焊接法兰盘　　　　　　　图 3-11 翻边松套法兰

铅管很软,翻边更容易,操作时应使用木槌(硬木)敲打,方法与铜管相同。

图 3-12 所示即为铜管、铅管和塑料管的翻边方法。

(2)法兰连接用垫圈。

法兰连接时,无论使用哪种方法,都必须在法兰盘与法兰盘之间垫上适应输送介质的垫圈,而达到密封的目的。

法兰垫圈应符合要求,不允许使用斜垫圈或双层垫圈。平面法兰所用垫圈要加工成带把的形状,如图 3-13 所示,以便于安装或拆卸。垫圈的内径不得小于管子的直径,外径不得遮挡法兰盘上的螺孔。

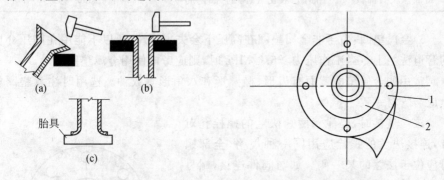

图 3-12 管子翻边　　　　　　　　图 3-13 法兰垫圈
(a)铜管翻边;(b)铅管翻边;(c)塑料管翻边　　　1—法兰;2—垫圈

法兰垫圈分软垫和硬垫两大类,一般水、煤气管、中低压工业管道采用软垫圈。而高温高压和化工管道上多采用硬垫圈即金属垫圈。

常用垫圈介绍如下。

1)橡胶垫圈:用橡胶板制成,其适用范围见表 3-3。其作用是借助安装时的预加压力和工作时工作介质的压力,使其产生变形来达到的。

2)橡胶石棉板垫圈:橡胶石棉是橡胶和石棉混合制品,此垫圈在用作水管和压缩空气管道法兰时,应涂以鱼油和石墨粉的拌和物;用作蒸汽管道法兰时,应涂以机油与石墨粉的拌和物。其适用范围见表3-4。

表3-3　　　　　　　　　　　橡胶垫圈的适用范围

橡胶名称	介　　质	温度/℃
普通橡胶	水、压缩空气、惰性气体	＜60
耐油橡胶	润滑油、燃料油、液压油等	＜80
耐热橡胶	水、压缩空气	＜120
耐酸碱橡胶	浓度≤20%硫酸、盐酸、氢氧化钠等	＜60

表3-4　　　　　　　　　　　橡胶石棉板垫圈适用范围

名　　称		介　　质	温度/℃	压力/MPa
橡胶石棉板	低压	水、蒸汽、压缩空气、煤气、惰性气体等	200	1.6
	中压	水、蒸汽、压缩空气、煤气、惰性气体等	350	4.0
	高压	蒸汽、压缩空气、煤气、惰性气体等	450	10.0
耐油橡胶石棉板		油品、液化气、溶剂、催化剂等	350	4.0

3)金属垫圈:由于非金属垫圈在高压下会失去弹性,所以不能用在高压介质的管道法兰上。当工作压力≥6.4 MPa时,则应考虑使用金属垫圈。

常用的金属垫圈截面有齿形、椭圆形和八角形等数种。选用时注意垫圈材质应与管材一致。

法兰连接时,要注意两片法兰的螺栓孔对准,连接法兰的螺栓应用同一种规格,全部螺母应位于法兰的某一侧。如与阀件连接,螺母一般应放在阀件一侧。紧固螺栓时,要使用合适的扳手,分2～3次拧紧。紧固螺栓应按照图3-14所示的次序对称均匀地进行,大口径法兰最好两人在对称位置同时进行。连接法兰的螺栓端部伸出螺母的长度,一般为2～3扣。螺栓紧固还应根据需要加一个垫片,紧固后,螺母应紧贴法兰。

另外,安装管道时还应考虑法兰不能装在

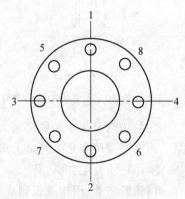

图3-14　紧固法兰螺栓次序

楼板、墙壁或套管内。为了便于拆装,法兰盘安装位置应与固定建筑物或支架保持一定距离。

二、塑料(复合)管连接

1. 塑料(复合)管道连接方式

(1)卡压式(冷压式)。不锈钢接头,专用卡钳压紧,适用于各种管径的连接。

(2)卡套式(螺纹压紧式)。铸铜接头,采用螺纹压紧,可拆卸,适用于管径不大于 32 mm 的管道连接。

(3)螺纹挤压式。铸铜接头,接头与管道之间加塑料密封层,采用锥形螺帽挤压形式密封,不得拆卸,适用于管径不大于 32 mm 的管道连接。

(4)过渡连接。塑料复合管与其他管材、卫生设备金属配件、阀门连接时,采用带铜内螺纹或铜外螺纹的过渡接头、管螺纹连接。

2. 清理

管道连接前,应对材料的外观和接头的配件进行检查,并清除管道和管件内的污垢和杂物,使管材与管件的连接端面清洁、干燥、无油。

3. 卡套式连接程序

(1)按设计要求的管径和现场复核后的管道长度截断管道。检查管口,如发现管口有毛刺、不平整或端面不垂直管轴线时,应修正。

(2)用专用刮刀将管口处的聚乙烯内层削坡口,坡角为 $20°\sim30°$,深度为 $1.0\sim1.5$ mm,且应用清洁的纸或布将坡口残屑擦干净。

(3)将锁紧螺母、C 形紧箍环套在管上,用整圆器将管口整圆;用力将管芯插入管内,至管口达管芯根部。

(4)将 C 形紧箍环移至距管口 $0.5\sim1.5$ mm 处,再将锁紧螺母与管件本体拧紧。

4. PP-R 管连接

(1)同种材质的 PP-R 管材和管件之间,应采用热熔连接或电熔连接。熔接时应使用专用的热熔或电熔焊接机具。直埋在墙体内或地面内的管道,必须采用热(电)熔连接,不得采用螺纹或法兰连接。螺纹或法兰连接的接口必须明露。

(2)PP-R 管材与金属管件相连接时,应采用带金属嵌件的 PP-R 管件作为过渡,该管件与 PP-R 管材采用热(电)熔连接,与金属管件或卫生洁具的五金配件采用螺纹连接。

(3)便携式热熔焊机适用于公称外径 $DN\leqslant63$ mm 的管道焊接,台式热熔焊机适用于公称外径 $DN\geqslant75$ mm 的管道焊接。

(4)热熔连接应按下列步骤进行:

1)热熔工具接通电源,待达到工作温度(指示灯亮)后,方能开始热熔。

2)加热时,管材应无旋转地将管端插入加热套内,插入到所标记的连接深度;同时,无旋转地把管件推到加热头上,并达到规定深度的标记处。加热时间必须符合表 3-5 的规定(或见热熔焊机的使用说明)。

3)达到规定的加热时间后,必须立即将管材与管件从加热套和加热头上同时取下,迅速无旋转地沿管材与管件的轴向直线均匀地插入到所标识的深度,使接缝处形成均匀的凸缘。

4)在规定的加工时间(表 3-5)内,刚熔接的接头允许立即校正,但严禁旋转。

5)在规定的冷却时间(表 3-5)内,应扶好管材、管件,使它不受扭、弯和拉伸。

表 3-5 热熔连接深度及时间

公称外径 DN/mm	热熔深度/mm	加热时间/小时	加工时间/小时	冷却时间/分钟
20	14	5	4	3
25	16	7	4	3
32	20	8	4	4
40	21	12	6	4
50	22.5	18	6	5
63	24	24	6	6
75	26	30	10	8
90	32	40	10	8
110	38.5	50	15	10

注:本表加热时间应按热熔机具产品说明书及施工环境温度调整。若环境温度低于 5℃,加热时间应延长 50%。

(5)电熔连接应按下列步骤进行:

1)按设计图将管材插入管件,达到规定的热熔深度,校正好方位。

2)将电熔焊机的输出接头与管件上的电阻丝接头夹好,开机通电,达到规定的加热时间后断电。

5. 塑料复合管道法兰连接

(1)将法兰盘套在管道上,有止水线的面应相对。

(2)校直两个对应的连接件,使连接的两片法兰垂直于管道中心线,表面相互平行。

(3)法兰的衬垫,应采用耐热无毒橡胶垫。

(4)应使用相同规格的螺栓,安装方向一致,螺栓应对称紧固,紧固好的螺栓应露出螺母之外,宜齐平,螺栓、螺母宜采用镀锌件。

(5)连接管道的长度精确,紧固螺栓时,不应使管道产生轴向拉力。

(6)法兰连接部位应设置支架、吊架。

第四章 管道敷设与安装

第一节 管道的敷设

一、管道敷设的原则

1.敷设顺序

管道敷设大体上可划分为室外管道敷设和室内管道敷设两大类。由于工程的具体情况各不相同,管道敷设应遵照施工组织设计或施工方案进行。一般情况下,管道敷设的施工顺序是:先地下,后地上;先大管道,后小管道;先高空管道,后低空管道;先金属管道,后非金属管道;先干管,后支管。在管道敷设过程中,要先安装支吊架,后安装管道;先安装进出或靠近建筑物的管道,后安装外部管道。

2.避让原则

在管道敷设过程中,如果各类管道发生交叉,通常的避让原则是:小管道让大管道;压力管道让重力流管道;低压管道让高压管道;一般管道让高温或低温管道;辅助管道让物料管道;一般物料管道让易结晶、易沉淀管道;支管道让主管道。

二、室外管道敷设

室外管道的敷设形式,可分为地下敷设和地面敷设(即架空敷设)。

1. 地下管道敷设

(1)无地沟敷设。

无地沟敷设管道也就是直埋管道,它们的施工顺序是测量放线、挖土、沟槽内管基处理,下管前预制及防腐、下管、管道连接、试压、接口防腐处理、回填土。在实际工程中,除了压力铸铁管道和输油、输气等压力钢制管道,通常采用直埋敷设方式以外,近年来也在推广有保温层的热力管道进行直埋敷设的施工方法。

(2)地沟敷设。

地沟敷设分为通行地沟、半通行地沟和不通行地沟三种。地沟采用混凝土底板,沟壁用钢筋混凝土或红砖砌筑,盖板用钢筋混凝土预制板。

通行地沟内通道高度为 1.8～2.0 m,通行宽度不小于 0.7 m,施工及维修人员可在沟内进行施工和日常维修工作,管道和支架的布置形式如图 4-1(a)所示。

半通行地沟内通道高度一般为 1.2～1.4 m,通行宽度为 0.5～0.6 m,维修人员可弯腰通行,如图 4-1(b)所示。

不通行地沟的断面尺寸没有具体规定,沟内的管道只能单层布置,投入使用后无法对管道进行维修,如图 4-1(c)所示。

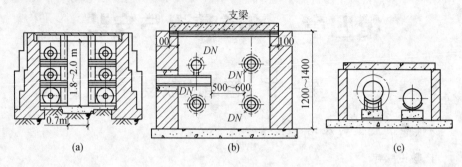

图 4-1 热力地沟

(a)通行地沟;(b)半通行地沟;(c)不通行地沟

2.地面管道敷设

(1)高支架敷设。

支架净高一般为 4.5～6.0 m。如果只用于管道跨越厂区道路或公路,净高可为 4.5 m,跨越铁路净高(距钢轨面)需 6.0 m,对电气化铁路需 6.55 m,支架可采用钢筋混凝土结构或钢结构。在管路中安装阀门、补偿器、检测仪表的地方需设置操作平台和爬梯,以便管理和维修人员使用。

(2)中支架敷设。

支架净高一般为 2.5～4.0 m,这种高度便于厂区机动车、非机动车和行人来往。中支架可以采用钢筋混凝土结构或钢结构。

(3)低支架敷设。

管道低支架敷设也称为管墩敷设,管墩用混凝土浇筑或用红砖砌筑,当管道根数较多时,也可以用钢筋混凝土制成较宽的管架。低支架的净高一般为0.5～1.0 m,最低应保证管道保温层层底面距地面净高不少于 0.3 m。采用低支架敷设的管道经过各种路口时,可以局部改为中支架或高支架。

三、室内管道敷设

室内管道敷设主要有明装和暗装两种形式。

1.管道明装

管道明装是指当工程完工并投入使用后,能够看到管道走向的安装方式。管道明装便于施工和维修,但这种敷设方式多占用建筑物的空间,影响室内观感,同时对施工要求较高,要做到横平竖直,管道表面涂漆与周围环境要协调。在工厂和一般民用住宅中,管道多采用明装。

2.管道暗装

管道暗装是指工程完工并投入使用后,从外面看不到管道的安装方式,如干管设在室内地沟或顶棚内,立管、支管设在墙槽内,只有供人使用或操作的部位才显露出来,其余部分都是隐蔽的。这种敷设方式对管道的观感要求不是很高,但要求其内在质量好,否则日后维修十分不便。在施工中,对于供用户使用或操作的明装部位,要准确到位。在宾馆、饭店及高级民用住宅中,管道多采用暗装,为便于施工及管理、维修,各种管道立管都集中在管道间内,在高层建筑中还设有专门安装设备和管道的设备层,所有这些措施,都是为了为用户营造一个美观舒适的环境,但又可以在一定程度上进行管道的维修工作。

第二节　管道支(吊)架制作与安装

一、支架制作

1. 活动支架

活动支架用于水平管道上,有轴向位移和横向位移,但没有或只有很少垂直位移的地方。活动支架包括滑动支架、滚动支架、悬吊支架等。滑动支架用于对摩擦作用力无严格限制的管道。滚动支架用于介质温度较高、管径较大且要求减少摩擦作用力的管道。悬吊支架用于不便设置支架的地方。

(1)滑动支架。滑动支架分低滑动支架和高滑动支架两种。低滑动支架可分为两种形式,即滑动管卡和弧形板滑动支架如图 4-2(a)、如 4-2(b)所示。高滑动支架如图 4-2(c)所示

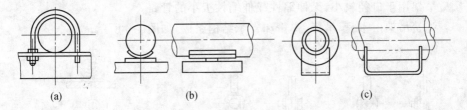

(a)　　　　　　　(b)　　　　　　　(c)

图 4-2　滑动支架

(a)滑动管卡;(b)弧形板滑动支架;(c)高滑动支架

1)滑动管卡(简称管卡)。适用于室内采暖及供热的不保温管道。制作管卡可用圆钢和扁钢,支架横梁可用角钢或槽钢。

2)弧形板滑动支架。适用于室外地沟内不保温的热力管道以及管壁较薄且不保温的其他管道。

3)弧形板滑动支架。是在管子下面焊接弧形板块,其目的是为了防止管子在热胀冷缩的滑动中与支架横梁直接发生摩擦而使管壁减薄。

4)高滑动支架的管子与管托之间用电焊焊死,而管托与支架横梁之间能自由滑动,管托的高度应超过保温层的厚度,以确保带保温层的管子在支架横梁上

能自由滑动。

5)导向支架。是滑动支架中的一种。导向支架是防止管道由于热胀冷缩在支架上滑动时产生横向偏移的装置。制作方法是在管子托架两侧各焊接一块长短与滑托长度相等的角铁,留有 2～3 mm 的间隙,使管子托架在角钢制成的导向板范围内自由伸缩,如图 4-3 所示。

(2)滚动支架。滚动支架分为滚珠支架和滚柱支架两种,主要用于大管径且无横向位移的管道。两者相比,滚珠支架可承受较高温度的介质,而滚柱支架对管道的摩擦力则较大一些,如图 4-4 所示。

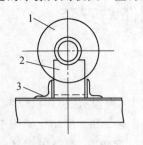

图 4-3 导向支架

1—保温层;2—管子托架;3—导向板

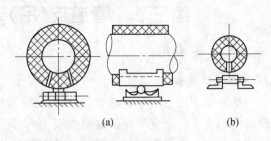

(a)   (b)

图 4-4 滚动支架

(a)滚珠支架;(b)滚柱支架

(3)悬吊支架(吊架)。吊架分普通吊架和弹簧吊架两种。普通吊架由卡箍、吊杆和支承结构组成,如图 4-5 所示。

吊架用于口径较小,无伸缩性或伸缩性极小的管路。

弹簧吊架由卡箍、吊杆、弹簧和支承结构组成,如图 4-6 所示。

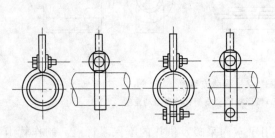

图 4-5 普通吊架

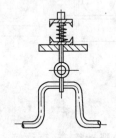

图 4-6 弹簧吊架

弹簧吊架用于有伸缩性及震动较大的管道。吊杆长度应大于管道水平伸缩量的数倍,并能自由调节。

2. 固定支架

固定支架是为了均匀分配补偿器间管道的热伸长,保障补偿器的正常工作,防止因受过大的热应力而引起管道破坏与较大程度变形。固定支架形式如图 4-7所示。

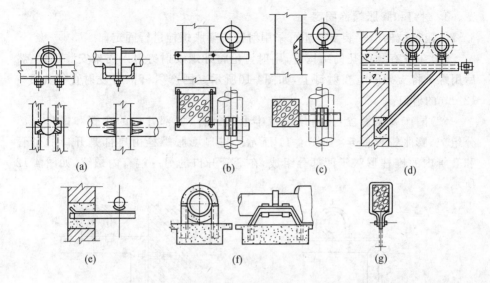

图 4-7　固定支架

(a)在梁上;(b)抱柱子;(c)焊在预留板上;(d)埋入墙内;(e)埋入墙内;(f)在基础上;(g)吊在梁上

　　固定支架种类很多,构造有繁有简,施工中如需制作固定支架,应按有关标准图或施工图制作。

二、支架安装

1. 沿墙栽埋法固定

　　栽埋法固定是将管道支架埋入墙内(栽埋孔在土建施工时预留),一般埋入部分不得少于150 mm,并应开脚。栽支架后,用高于 C20 细石混凝土填实抹平。栽埋时,应注意支架横梁保持水平,顶面应与管子中心线平行,如图 4-8 所示。

2. 预埋钢板焊接固定

　　如果是钢筋混凝土构件上的支架,应在土建浇筑时预埋钢板,待土建拆掉模板后找出预埋件并将表面清理干净,然后将支架横梁或固定吊架焊接在预埋钢板上,如图 4-9 所示。

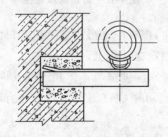

图 4-8　栽埋法固定支架

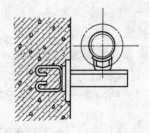

图 4-9　预埋钢板焊接固定支架

3. 射钉和膨胀螺栓固定

往建筑结构上安装支架还可采用射钉或膨胀螺栓进行固定。

（1）在没有预留孔的结构上，用射钉枪将外螺纹射钉射入支架安装位置，然后用螺母将支架固定在射钉上，如图4-10所示。国产射钉枪可发射直径为8～12 mm的射钉。

（2）国产膨胀螺栓：是由尾部带锥形的螺杆、尾部开口的套管和螺母三部分组成，膨胀螺栓固定，如图4-11所示。进口膨胀螺栓由尾部是开口的套管和套管内的锥柱形胀子两部分组成，在套管开口的另一端有内螺纹，如图4-12所示。

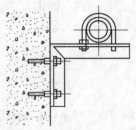

图4-10　射钉固定支架

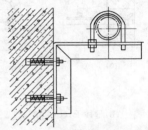

图4-11　国产膨胀螺栓固定

（3）螺栓：常用规格有 M8、M10、M12三种。用膨胀螺栓固定支架时，必须先在结构上安装螺栓的位置钻孔。

（4）钻孔：可用装有合金钻头的冲击手电钻或电锤进行。钻成的孔必须与结构表面垂直，孔的直径与膨胀螺栓套管外径相等，深度为套管长度加 10～15 mm（进口膨胀螺栓不需外加）。装膨胀螺栓时，把套管套在螺杆上，套管的开口端朝向螺杆的锥形尾部，然后打入已钻好的孔内，到套管与结构表面齐平时，装上支架，垫上垫圈，用扳手

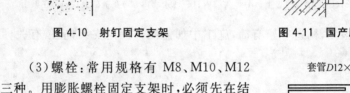

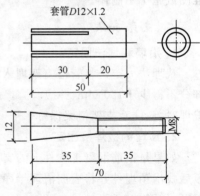

图4-12　进口膨胀螺栓

将螺母拧紧。随着螺母的拧紧，螺杆被向外抽拉，螺杆的锥形尾部就把开口的套管尾部胀开并紧紧地卡于孔壁，将支架牢牢地固定在结构上。

（5）进口膨胀螺栓安装方法：将螺栓打进直径、深度都与本体相等的孔内，然后用冲子使劲冲胀子，使尾部开口胀开。随后则可用螺钉将支架固定在有内螺纹的套管上。

表4-1为膨胀螺栓固定混凝土墙体上所承受的最大拉力，以及膨胀螺栓与所配钻头直径的选用参数。

表 4-1 膨胀螺栓拉力及钻头选用

膨胀螺栓	M6	M8	M10	M12	M14	M16
承受最大拉力 /N	500～600	600～800	1000～1200	1200～1400	1200～1400	1400～1600
所配钻头直径 /mm	8.0	10.5	13.5	17.0	19.0	22.0

4. 抱箍式固定

沿柱子安装管道可以采用抱箍固定支架,结构如图 4-13 所示。

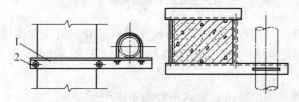

图 4-13 抱箍固定支架

1—支架横梁;2—双头螺栓

第三节 室内给水系统安装

一、室内给水管道的安装

室内给水管道的安装一般是先安装室外引入管,然后安装室内干管、立管和支管。

1. 引入管安装

引入管的敷设,应尽量与建筑物外墙的轴线相垂直。为防止建筑物下沉而破坏管道,引入管穿建筑物基础时,应预留孔洞或钢套管,保持管顶的净空尺寸不小于 150 mm。预留孔与管道间空隙用黏土填实,两侧用 1∶2 水泥砂浆封口,如图 4-14 所示。引入管由基础下部进入室内的敷设方法,如图 4-15 所示。

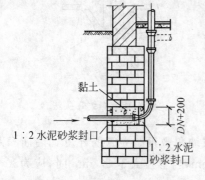

图 4-14 引入管穿墙基础图

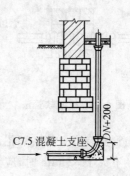

图 4-15 引入管由基础下部进室内大样图

当引入管穿过建筑物地下室进入室内时,其敷设方法如图4-16所示。

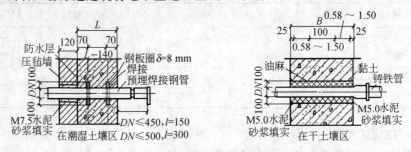

图 4-16　引入管穿地下室墙壁做法(单位:mm)

敷设引入管时,应有不小于 3‰ 的坡度坡向室外。引入管的埋深,应满足设计要求,若设计无要求时,通常敷设在冰冻线以下 20 mm,覆土不小于 0.7~1.0 m 的深度。

给水引入管与排水排出管的水平净距不得小于 1 m。

2.室内给水管道的安装

室内给水管道的敷设,根据建筑物的要求,一般可分为明装和暗装两种形式。

(1)干管安装。明装管道的干管安装,沿墙敷设时,管外皮与墙面净距一般为 30~50 mm,用角钢或管卡将其固定在墙上,不得有松动现象。

当管道敷设在顶棚里,冬季温度低于 0℃ 时,应考虑保温防冻措施。给水横管宜有 2‰~3‰ 的坡度坡向泄水装置。

给水管道不宜穿过建筑物的伸缩缝、沉降缝,当管道必须穿过时需采取必要的技术措施,如安装伸缩节、安装一段橡胶软管、利用螺纹弯头短管等,如图 4-17 和图 4-18 所示。

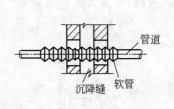

图 4-17　橡胶软管法

图 4-18　螺纹弯头法

(2)立管安装。立管一般沿墙、梁、柱或墙角敷设。立管的外皮到墙面净距离,当管径不大于 32 mm 时,应为 25~35 mm;当管径大于 32 mm 时,应为 30~50 mm。

在立管安装前,打通各楼层孔洞,自上而下吊线,并弹出立管安装的垂直中心线,作为安装中的基准线。按楼层预制好立管单元管段,具体做法有以下几点。

1)按设计标高,自各层地面向上量出横支管的安装高度,在立管垂直中心线上划出十字线,用尺丈量各横支管三通(顶层弯头)的距离,用比量法下料,编号存放以备安装使用。

2)每安装一层立管,均应使管子位于立管安装垂直线上,并用立管卡子固定。立管卡子的安装高度一般为1.5~1.8 m。

3)校核预留口的高度、方向是否正确,支管甩口安好临时丝堵。

4)给水立管与排水立管并行时,应置于排水立管的外侧。与热水立管并行时,应置于热水立管的右侧。

5)立管上阀门安装朝向应便于操作和检修。立管穿层楼板时,宜加套管,并配合土建堵好预留洞。

(3)支管安装。支管一般沿墙敷设,用钩钉或角钢管卡固定。

1)支管明装。将预制好的支管从立管甩口依次逐段进行安装,有阀门的应将阀门盖卸下再安装。核定不同卫生器具的冷热水预留口高度、位置是否准确,再找坡找正后栽支管卡件,上好临时丝堵。支管如装有水表先装上连接管,试压后在交工前拆下连接管,换装上水表。

2)支管暗装。横支管暗装墙槽中时,应把立管上的三通口向墙外拧偏一个适当角度,当横支管装好后,再推动横支管使立管三通转回原位,横支管即可进入管槽中。找平找正定位后固定。

给水支管的安装一般先做到卫生器具的进水阀处,以下管段待卫生器具安装后进行连接。

3)热水支管安装。热水支管穿墙处按要求加套管。热水支管做在冷水支管的上方,支管预留口位置应为左热右冷。其余安装方法与冷水支管相同。

3. 水表的安装

水表是用户用水的计量工具,安装在给水管道上,并且一定要选购国家认定的合格厂家生产制造的水表,以保证使用安全,计量准确。水表设置在用水单位的供水总管、建筑物引入管或居住房屋内。

给水管道中常用的水表有旋翼式和螺翼式两种。旋翼式的翼轮转轴与水流方向垂直,叶片呈水平状;螺翼式的翼轮转轴与水流方向平行,叶片呈螺旋状。旋翼式水表又可分为干式和湿式两种形式。干式水表的传动机构和表盘与水隔开,构造较复杂;湿式水表的传动机构和表盘直接浸在水中,表盘上的厚玻璃要承受水压,水表机件简单。一般情况下,公称直径不大于 50 mm 时,应采用旋翼式水表;公称直径大于 50 mm 时,采用螺翼式水表。在干式和湿式水表中应优先选用湿式水表。

水表安装时,应满足下列要求。

(1)应便于查看、维修,不易污染和损坏,不可暴晒,不可冰冻。

(2)安装时应使水流方向与外壳标志的箭头方向一致,不可装反。

(3)对于不允许断水的建筑物,水表后应设止回阀,并设旁通管,旁通管的阀门上要加铅封,不得随意开闭,只有在水表修理或更换时才可开启旁通阀。

(4)为保证水表计量准确,螺翼式水表前直管长度应有8~10倍水表直径,旋翼型水表前应有不小于300 mm的直线管段。水表后应设有泄水龙头,以便维修时放空管网中的存水。

(5)水表前后均应设置阀门,并注意方向性,不得将水表直接放在水表井底的垫层上,而应用红砖或混凝土预制块把水表垫起来,如图4-19所示。

(6)对于明装在建筑物内的分户水表,表外壳距墙表面不得大于30 mm,水表的后面可以不设阀门和泄水装置,而只在水表前装设一个阀门。为便于维修和更换水表,需在水表前后安装补心或活接头,如图4-20所示。

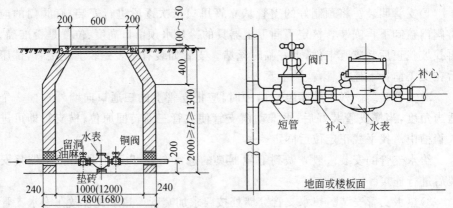

图4-19 水表节点安装图　　　图4-20 室内水表安装图(单位:mm)

二、无规共聚聚丙烯(PP-R管)管道安装

1.支、吊架安装

(1)管道安装时必须按不同管径和要求设置管卡和支、吊架,位置应准确,埋设要平整,管卡与管道接触应紧密,但不得损伤管道表面。

(2)采用金属管卡和支、吊架时,金属管卡与管道之间应采用塑料带或橡胶等软物隔垫。在金属管配件与给水聚丙烯管连接部位,管卡应设在金属配件一端。

(3)立管和横管支吊架的间距符合规范的规定。

2.PP-R管管道安装

(1)管道嵌墙暗敷时,宜配合土建预留凹槽,其尺寸设计无规定时,嵌墙暗管墙槽尺寸的深度为d_n+20 mm,宽度为$d_n+(40\sim60)$mm。凹槽表面必须平整,不得有尖角等突出物,管道试压合格后,墙槽用M7.5级水泥砂浆填补密实。

(2)管道暗敷在地坪面层内,应按设计图纸位置进行。如现场施工有更改,应有图示记录。

(3)管道安装时,不得有轴向扭曲,穿墙或楼板时,不宜强制校正。给水管与其他金属管道平行敷设时应有一定的保护距离,净距离不宜小于100 mm,且宜在金属管道的内侧。

(4)室内明装管道,宜在土建装修完毕后进行,安装前应配合土建正确预留孔洞或预埋套管。

(5)管道穿越楼板时,应设置钢套管,套管高出地面50 mm,并有防水措施。管道穿越屋面时,应采取严格的防水措施,穿越前端应设固定支架。

(6)热水管道穿墙壁时,应配合土建设置钢套管,冷水管穿墙时,可预留洞,洞口尺寸较外径大50 mm。

(7)直埋在地坪面层以及墙体内的管道,应在隐蔽前做好试压和隐蔽工程的检查记录工作。

(8)室内地坪±0.000以下管道铺设宜分两阶段进行。先进行地坪±0.000以下至基础墙外壁段的铺设;待土建施工结束后,再进行户外连接管的铺设。

(9)室内地坪以下管道铺设应在土建工程回填土夯实以后,重新开挖进行,严禁在回填土之前或未经夯实的土层中铺设。

(10)铺设管道的沟底应平整,不得有突出的尖硬物体,土的颗粒径不宜大于12 mm,必要时可铺100 mm厚的砂垫层。

(11)埋地管道回填时,管周回填土不得夹杂尖硬物直接与管壁接触,应先用砂土或颗粒径不大于12 mm的土回填至管顶上侧300 mm处,经夯实后方可回填原土,室内埋地管道的埋置深度不宜小于300 mm。

(12)管道出地坪处应设置护管,其高度应高出地坪100 mm。

(13)管道在穿基础墙时,应设置金属套管,套管与基础墙预留孔上方的净空高度,若设计无规定时,不应小于100 mm。

(14)管道在穿越街坊道路、覆土厚度小于700 mm时,应采取严格的保护措施。

三、交联聚乙烯(PEX管)管道安装

1.一般要求

(1)管道安装工程在施工前应具备以下条件。

1)设计施工图纸及其他技术文件齐备,已经会审。

2)已确定施工方案,且已经过技术交底,了解敷设方式。

3)管道材料、管件和专用管件夹紧工具等已具备,且能保证正常施工。

(2)管道安装前,施工人员应了解建筑物结构形式、吊顶高度、管井内管道数

量,确定管位,且应掌握管件连接技术及其他基本操作要点。

(3)管道在安装前,应对材料外观质量和管件的配合公差进行仔细检查,受污染的管材、管件内外污垢应彻底清理干净。施工过程中禁止污物污染管材管件。

(4)管材表面注明的商标、规格、耐温和耐压等级、出厂日期等标记应面向外侧的显目位置。

(5)$DN \leqslant 25$ mm 小口径管道安装时应利用管道弯曲性能,尽量不设或少设管道连接件,管道不设连接件的最小弯曲半径为 $8DN$。

(6)管道穿越楼板、屋面混凝土、墙板及水池水箱池壁,应按设计要求配合土建预留孔洞、预埋套管或管件。预留孔径宜大于管外径 70 mm,预埋套管的内径不宜大于管外径 50 mm。

(7)管道穿越屋面、楼板部位,应做好严格防渗漏措施,并按下列规定施工。

1)穿越部位管段中间应加一只铜箍件或其他紧固件。

2)立管安装结束,经检查无误后在板底支模,用 C15 细石混凝土或 M15 膨胀水泥砂浆二次嵌缝,第一次为楼板厚度的 2/3,待达到 50% 强度后进行二次嵌缝到结构层面。

3)板面面层施工结束,在管道周围应采用 M10 水泥砂浆砌筑高度不小于 20 mm、宽度不小于 25 mm 的阻水圈,或在管道及土建施工时加设硬聚氯乙烯套管,套管应嵌在板面整浇层或找平层内,但不得贯穿楼板孔,套管应高于最终完成面 50 mm。

4)穿越混凝土板墙应预埋钢制套管,穿越水池水箱池壁应预埋耐腐蚀金属材料套管或管件,管道安装结束,在穿越部位的中部,宜采用防水胶泥嵌实,宽度不小于 50 mm,待固化后两侧应用 M15 水泥砂浆嵌实,表面筑平。

(8)嵌墙敷设管道,在确定部位应配合土建预留或开凿管槽,槽壁与管外壁间距不应小于 10 mm,槽深不得小于管道外壁与墙面间距 15 mm,槽口应整齐顺通,弯曲管段管槽应随管道转弯,起转弯半径不小于 $DN8$。

(9)敷设在吊顶内的横管,管壁距楼板底及吊顶构造面不宜小于 50 mm,横支管与立管或横干管连接的引出部位宜有长度为 200~300 mm 的悬臂管段。

(10)冷热水管道,其立管及横管支撑间距应符合表 4-2 的规定。

表 4-2   冷热水管道立管及横管支撑间距   (单位:mm)

管径 DN		20	25	32	40	50	63
立管		800	900	1000	1300	1600	1800
横管	冷水管	600	700	800	1000	1200	1400
	热水管	300	350	400	500	600	700

(11)管道支撑和支撑件应符合以下几点规定。

1)明敷直线管段固定支撑距离,冷水管不宜大于 6.0 m,热水管不宜大于 3.0 m,根据现场情况可设置伸缩节。固定支撑件应采用钢制件,应设在管件、管道附件附近。管道系统分流处在干管部位应设固定支承。

2)明敷的冷热水直线管道,当采用伸缩节时,伸缩节宜设置在两固定支撑点中间,伸缩节公称压力不得小于管道的公称压力。若全部支撑点均为固定支撑时,系统可不设伸缩节。

3)卡箍、卡件与管道紧固部位不得损伤管壁。

4)管道穿越墙体为活动支承点,在管道与套管或孔洞的空隙部位应采用软性填料填实。

(12)管道配水点,应采用耐腐蚀金属材料制作的内螺纹配件,且应与墙体固定牢固。

(13)管道安装结束,管口部位应采用管堵进行封堵,封堵耐压性能应满足管道试压要求。

(14)室外冷水管道隔热保温,宜按下列程序进行。

1)基体材料宜采用单面开口的高发泡聚乙烯管,保温管按管道口径配置,厚度不宜小于 15 mm。

2)保温材料包覆后,屋面冷水管宜外缠两道宽度为 100～120 mm、厚度为 0.22 mm 的黑色聚氯乙烯薄膜。

3)保护层外表用 1 mm 浸塑钢丝扎紧,间距为 0.4～0.5 m。

(15)明敷管道在有可能受阳光直射时,应采取避光措施。管道不得用作拉攀、吊件使用。

(16)管道系统附件、水表、阀门等宜有支撑措施,附件重量或启闭阀门的扭矩不应作用于管路系统。

(17)管道在运输储存中应避免阳光晒,并不得与易燃的危险品储存在同一库房中。

2.交联聚乙烯(PEX 管)管道连接

(1)管道应采用企业配套的铜制管件、紧固环及施工紧固工具进行施工,$DN \leqslant 25$ mm 时,管道与管件连接宜采用卡箍式连接;$DN \geqslant 32$ mm 时,宜采用卡套式或卡压式连接。

(2)卡箍式和卡套式连接橡胶密封圈材质,应符合卫生要求,且应采用耐热的三元乙丙橡胶或硅橡胶材料。

(3)卡箍式管件连接程序。

1)按设计要求设计的管径和确定的管道长度,用专用剪刀或细齿锯进行断料,管口应平整,端面应垂直管轴线。

2)选择与管道相应口径的紫铜紧箍环套入管道,将管口用力压入管件的插口,直至管件插口根部。

3)将紧箍环推向已插入管件的管口方向,使环的端口距管件承口根部2.5~3 mm为止,用相应管径的专用夹紧钳夹紧铜环直至钳的头部两翼合拢为止。

4)用专用定径卡板检查紧箍环周边,以不受阻为合格。

(4)卡套式管件连接程序。

1)按规定下料,管内宜用专用刮刀进行坡口,坡度为20°~30°,深度1~1.5 mm,坡口结束后再用清洁布将残屑揩擦干净。

2)卡套螺帽和C形锁紧环套入管口。

3)管口一次用力推入管件插口至根部。管道推入时注意橡胶圈位置,不得将其延位或顶歪,如发生顶歪情况应修正管口的坡口,放正胶圈后,重新推入。

4)将C形锁环推到管口位置,旋紧锁紧螺帽。

(5)管道与其他管道附件、阀门等连接,应采用专用的外螺纹卡箍式或卡套式连接件。

3. 交联聚乙烯(PEX管)管道安装

(1)土建结构施工结束,管道安装进场时间应根据管道安装部位、敷设方法及土建配合情况确定。

(2)热水管道应与冷水管道平行敷设,水平排列时热水管宜在外侧;上下排列时应在冷水管上方。

(3)埋地管道敷设应符合以下几点规定。

1)埋地进户管应分室内和室外两阶段进行,先安装室内,伸出墙外200~300 mm,待土建室外施工时再进行室外管道安装与连接。

2)进户管在室外部分根据建筑物沉降量情况,采取水平折弯进户。

3)室外管道管顶覆土深度不应小于300 mm,穿越道路部位不应小于600 mm。

4)管道在室内穿出地坪处应有长度不小于100 mm的护套管,其根部应窝嵌在地坪找平层内。

5)管道若敷设在经夯实的填土层内,宜在填土层夯实后按管道埋设深度进行开挖,但不得超深开挖。在敷设和回填时,接触面表面部位不得有粒径大于10 mm的尖硬石块。

(4)嵌墙管道安装要求:

1)管道应沿墙水平或垂直敷设。

2)管槽断面尺寸应符合规定要求,管槽应顺通,冷热水槽中心距应按选用的水暖零件尺寸确定。

3)按冷热水管配水点间距及标高进行布置,管道在槽内宜设管卡,间距1.0~1.2 m,且不应有无规则弯曲或受卡。

4)管道嵌装施工结束,应进行二次试压,二次试压合格后方可进行土建粉刷或饰面施工。

5)管道经二次试压合格后,应先将系统端部配水口的金属管件固定,其表面与建筑墙面或饰面相平。在复核标高和冷热水间距后,应用 M10 水泥砂浆窝嵌牢固,管口用金属管堵进行堵口。

6)土建嵌槽应采用 M10 水泥砂浆,宜分两次进行,第一次窝嵌应超过管中心。待初硬后,第二次再嵌到与墙面相平,土建窝嵌时砂浆应密实饱满,且不得使管道移位或走动。

(5)暗设管道安装。

1)管道应按施工图进行定位,先确定固定支撑点位置,再按表 4-2 确定支撑点位置,支撑点位置确定后进行支撑件施工。

2)合理选择因温差变化而产生管道伸缩的补偿措施。

3)管道试压结束,对热水管道应按设计规定进行保温。

(6)分水器和管道系统应符合下列几点要求。

1)分水器应设置分水器盒或分水器壁龛,安装位置应按设计规定,其大小尺寸应满足管道接口及阀门安装要求。

2)采用硬聚氯乙烯波纹护套管进行护套,护套管口径宜按表4-3进行配置。

表 4-3 护套管选用 (单位:mm)

管径 DN	20	25
护套管最大管外径	32	40

3)护套管在土建施工时,应密切配合直接敷设或埋设,最小转弯半径不应小于其管道外径的 $DN8$,弯管两端和直线管段每隔 $1.0\sim1.2$ m间距应设管卡,护套管表面混凝土保护层不宜小于 10 mm。

4)管道在护套管内不得设有连接管件。

五、给水铝塑复合管管道安装

1. 管道预制加工

(1)按设计图纸要求画出管道分路、管径、变径、预留管口、阀门位置等施工草图。在实际安装的结构位置做标记,按标记分段量出实际安装的准确尺寸,记录在施工草图上,然后按草图测得的尺寸进行管段预制加工。

(2)管道调直和切断。

1)管径不大于 20 mm 的铝塑复合管可直接用手调直;管径不小于 25 mm 的铝塑复合管调直一般在较为平整的地面上进行,用脚踩住管子,滚动管子盘卷向前延伸,压直管子,再用手调直。

2)切断管道应使用专用管剪或管子割刀。

（3）管道的弯曲。管道公称外径不大于 32 mm 的管道，转弯时应尽量利用管道自身直接弯曲。直接弯曲的弯曲半径，以管轴心计不得小于管道外径的 5 倍。管道弯曲时应使用专用的弯曲工具（管外径不大于 25 mm 的管道可采用在管内放置专用弹簧，用手加力弯曲；管外径为 32 mm 的管道可采用专用弯管器弯曲），并应一次弯曲成型，不得多次弯曲。

（4）管道连接。铝塑复合管的连接方式宜采用卡套式连接。其连接件是由具有阳螺纹和倒牙管芯的主体、金属紧箍环和锁紧螺母组成。管芯插入管道后，拧动锁紧螺母，将预先套在管道外的金属紧箍环束紧，使管内壁与管芯密封，起到连接作用。

2. 给水干管安装

室内给水管道的安装顺序一般为先地下后地上、先大管后小管、先立管后支管。给水干管通常指水平干管，分地下干管和地上干管两种。根据管道的敷设安装方式不同，干管安装可分为埋地干管安装和架空干管安装。

（1）埋地干管安装。

1）给水埋地干管的敷设安装，一般从给水引入管（又称进户管）穿基础墙处开始，先铺设地下室内部分，待土建施工结束后，再进行室外连接管的安装。

2）开挖沟槽前，应根据设计图纸规定的管道位置、标高和土建给出的建筑轴线及标高线，确定埋地干管的准确位置和标高。

3）埋地管道铺设，应在未经扰动的原土或在土建回填土夯实后重新开挖，严禁在回填土之前或未经夯实的土层中铺设。

4）埋地干管铺设前，应对按照施工草图预制加工的管段进行通视检查，并将管道内外的污物清除干净。

5）铝塑复合管埋地敷设安装应注意以下几个问题。

①埋地进户管（引入管）穿外墙处，应预留孔洞，孔洞高度一般为管顶以上的净高不宜小于 100 mm。公称外径不小于 40 mm 的进户管道，应采用水平折弯后进户。

②埋地管道开挖的沟槽应平整，且不得有尖硬凸出物，必要时可铺 100 mm 的砂垫层。沟槽回填前，应检查埋地干管与立管接口位置、方向是否正确，确认无误后方可进行回填土。

③埋地管道回填时，管周围 100 mm 以内回填土不得含有粒径大于 10 mm 的尖硬石（砖）块。回填土应分层夯实，且不得损伤管道。室内埋地管道的埋设深度不宜小于 300 mm。

④埋地干管的敷设安装，应有 2‰～5‰ 的坡度坡向室外泄水装置，以便于管道检修时排除管内存水。

⑤埋地铝塑复合管的管件，应做外防腐处理。防腐的做法，当设计无具体要

求时可刷环氧树脂类油漆或按热沥青三油两布做法处理。

⑥给水引入管与排水排出管的水平净距不得小于 1 m。室内埋地给水干管与排水管道平行敷设时,两管间最小水平间净距不得小于 500 mm;交叉敷设时,垂直净距为 150 mm,且给水管应铺设在排水管的上方。若给水管必须敷设在排水管的下面时,给水管应加套管,其长度不得小于排水管径的 3 倍。

⑦埋地管道在室内穿出地坪处,应在管外套上长度不小于 100 mm 的金属套管,套管根部应插入地坪内 30～50 mm。

⑧埋地干管敷设安装完毕,应按设计要求或按施工质量验收规范的有关规定进行水压试验,试压合格并经隐蔽工程验收后,方可进行覆土回填。

(2)架空干管安装。架空干管有两种:一种是敷设在地坪(±0.000)以下的架空干管,是从给水引入管(进户管)穿过地下室外墙处进入室内的水平干管;另一种是敷设在地坪(±0.000)以上的架空干管,通常是指敷设在高层建筑顶层或其他楼层内的水平干管。这两种架空干管的安装方法和要求是相同的,管道是明装还是暗装,应由设计施工图确定。

1)架空干管的安装,首先应根据施工草图确定的干管位置、标高、管径、坡度、管段长度、阀门位置等和土建给出的建筑轴线、标高控制线,准确地确定管道支架的安装位置(预埋支架铁件的除外),在应栽支架的部位画出大于孔径的十字线,然后打洞栽埋支架或采用膨胀螺栓固定管支架。

2)干管安装前,应先复核引入管穿过地下室外墙处的预埋防水套管和地上干管穿墙、梁等处的预埋套管或预留洞是否预埋、预留,位置是否正确,确认无误后方可进行管道安装。

3)干管安装,把预制完的管段运到安装现场,按编号依次排开,并在地面进行检查,若有歪斜扭曲,则应进行调直。上管时,应将管道放置在支架上,随即用预先准备好的管卡将管子暂时固定。与此同时,还应核查各分支口的位置方向,同时将各分支口堵好,防止泥砂进入管内,最后将管道固定牢。

4)架空干管安装注意事项有以下几点。

①对于使用功能比较齐全的多层建筑或高层建筑,给水系统的架空干管位于该建筑内的设备层和管道层(又称技术层)内,往往是各种管道纵横交叉而又最集中的地方。因此,管道安装前,必须和采暖、通风、电气等专业安装单位一起认真对照设计图纸,及时研究可能出现的各种管道交叉打架问题。施工安装过程中,必须密切配合,涉及设计存在的问题,应由设计单位变更设计;属于一般性的矛盾,施工单位本着小管让大管、有压管道让无压管道、低压管道让高压管道等避让原则解决,并经设计单位认可。

②管道支撑和支撑件应符合下列规定。

a.无伸缩补偿装置的直线管段,固定支撑件的最大间距:冷水管不宜大于

6.0 m,热水管不宜大于 3.0 m,且应设置在管道配件附近。

b. 采用管道伸缩补偿器的直线管段,固定支撑件的间距应经设计决定,管道伸缩补偿器应设在两个固定支撑件的中间部位。

c. 采用管道折角进行伸缩补偿时,悬臂长度不应大于 3.0 m,自由臂长度不应小于 300 mm。

d. 固定支撑件的管卡与管道表面应为面接触,管卡的宽度宜为管道外径的 1/2,收紧管卡时不得损坏管壁。

e. 滑动支撑件的管卡不应采用月牙形状的管卡,防止当管道压力波动时发生管道弹出管卡现象。

f. 根据《建筑给水排水及采暖工程施工质量验收规范》(GB50242—2002)的规定,管道的最大支撑间距应符合表 4-4 的规定。

表 4-4   塑料管及复合管管道支架的最大间距

管径/mm	最大间距/m		
	立管	水平管	
		冷水管	热水管
12	0.5	0.4	0.2
14	0.6	0.4	0.2
16	0.7	0.5	0.25
18	0.8	0.5	0.3
20	0.9	0.6	0.3
25	1.0	0.7	0.35
32	1.1	0.8	0.4
40	1.3	0.9	0.5
50	1.6	1.0	0.6
63	1.8	1.1	0.7
75	2.0	1.2	0.8
90	2.2	1.35	—
110	2.4	1.55	—

③暗敷在吊顶内的管道,管道表面(有防结露保温的按绝热层表面计)与周围墙、板面的净距一般不小于 50 mm。

④管道安装完毕,应对预埋防水套管与管道之间的环形缝隙进行嵌缝。先

在套管中部塞 3 圈以上油麻,再用 M10 膨胀水泥砂浆嵌缝至平套管口。

管道穿过无防水要求的墙、梁、板的做法应符合两点:一是靠近穿越孔洞的一端应设固定支承将管道固定;二是管道与套管或孔洞之间的环形缝隙应用 M7.5 水泥砂浆填实。

⑤管道上连接的各种阀门,应固定牢靠,不应将阀门自重和操作力矩传给管道。

⑥管道外径不小于 40 mm 的是直线形管材,有一定的刚度,敷设安装时应有 2‰～5‰的坡度坡向泄水装置。

⑦敷设在吊顶内的干管,安装完毕应做水压试验,试压合格并经隐蔽验收后方可封闭。

3.立管安装

(1)立管安装首先应根据设计图纸要求或给水配件和卫生器具的种类确定横支管的高度,在土建墙面上画出横线。

(2)用线坠吊在立管的中心位置上,在墙上画出垂直线,并根据立管卡的高度在垂直线上确定出立管卡的位置并画好横线,然后再根据其交叉点打洞栽卡。

(3)铝塑复合管的立管卡应采用管材生产企业配套的产品。

(4)立管卡的安装,当楼层高度不大于 5 m 时,每层须设 1 个;当楼层高度大于 5 m 时,每层不少于 2 个;管卡的安装高度,应距地 1.5～1.8 m;2 个以上管卡应均匀安装,同一房间管卡应安装在同一高度上。

(5)管卡栽好后,再根据干管和横支管划线,测出各立管的实际尺寸,在施工草图上进行编号记录,在地面上进行预制和组装,经检查和调直后可进行安装。

(6)立管安装按顺序由下往上,层层连接,一般应两人配合,一人在下端托管,一人在上端安装。

(7)立管安装前,应先清除立管甩头处阀门或连接件的临时封堵物、污物和泥砂等,然后经检查管件的朝向准确无误后即可固定立管。

(8)立管安装应注意下列几个问题。

1)铝塑复合管明设部位应远离热源,无遮挡或隔热措施的立管与炉灶的距离不得小于 400 mm,距燃气热水器的距离不得小于 0.2 m,不能满足此要求时应采取隔热措施。

2)铝塑管穿越楼板、屋面、墙体等部位,应按设计要求配合土建预留孔洞或预埋套管,孔洞或套管的内径宜比管道公称外径大 30～40 mm。

3)铝塑复合管穿越屋面、楼板部位,应采取防渗措施,可按下列规定施工。

①贴近屋面或楼板的底部,应设置固定支撑件。

②预留孔或套管与管道之间的环形缝隙,用 C15 细石混凝土或 M15 膨胀水泥砂浆分两次嵌缝,第一次嵌缝至板厚的 2/3 高度,待达到 50％强度后进行第二次嵌缝至板面平,并用 M10 水泥砂浆抹高、宽不小于 25 mm 的三角灰。

4)布置在管井中的立管,应在立管上引出支管的三通配件处设固定支撑点。

5)冷、热水管的立管平行安装时,热水管应在冷水管的左侧。

6)给水立管的始端应安装可拆卸的连接件(活接头),以方便以后维修。

7)铝塑复合管可塑性好,易弯曲变形,因此安装立管时,应及时将立管卡牢,以防止立管位移,或因受外力作用而产生弯曲及变形。

8)敷设在管道井内的管道,管道表面(有防结露保温时按保温层表面计)与周围墙面的净距不宜小于 50 mm。

9)暗装的给水立管,在隐蔽前应做水压试验,合格后方可隐蔽。

4.支管安装

(1)支管明装。将预制好的支管从立管甩口处依次逐段进行安装,有阀门时应将手轮卸下再安装。根据管段长度加上临时固定卡,并核定不同卫生器具的预留口的高度、位置是否正确,找平找正后栽牢支管卡件,去掉临时固定卡。如支管装有水表,应先装上连接管,试压后交工前拆下连接管,安装水表。

(2)支管暗装。铝塑复合管的支管暗装方式通常有两种,一种是支管嵌墙敷设,另一种是支管在楼(地)面的找平层内敷设。嵌墙敷设和在楼(地)面的找平层内敷设的管道,其管外径一般不大于 25 mm,敷设的管道应采用整条管道,中途不应三通接出支管,阀门应设在管道的端部。

1)管道嵌墙敷设。

①嵌墙敷设的管槽,宜配合土建施工时预留(对于砖墙或轻质隔墙可直接开出管槽),管槽的底和壁应平整无凸出的尖锐物。管槽尺寸设计无规定时,管槽宽度宜比管道外径大 40~50 mm,管槽深度比管道外径大 20~25 mm。

②铺放管后,应用管卡(或鞍形卡片)将管固定牢固,并经水压试验合格后方可封填管槽。

③管槽的填塞应采用 M7.5 水泥砂浆。冷水管管槽的填塞宜分两层进行:第一层填塞至 3/4 管高,砂浆初凝时应将管道略作左右摇动,使管壁与砂浆之间形成缝隙,即应进行第二层填塞,填满管槽与墙面抹平,砂浆必须密实饱满。

2)管道在楼(地)面找平层内敷设。

①管道在楼(地)面找平层内敷设,管槽预留尺寸(宽度和深度)、管道铺放与固定、管槽填塞步骤和操作要求等均与管道的嵌墙敷设相同。

②住宅内敷设在楼(地)面找平层内的管道,在走道、厅部位宜沿墙脚敷设;在厨、卫间内宜设分水器,并使各分支管以最短距离到达各配水点。从分水器接出的支管每一条对应一个卫生器具,这样从分水器至配水件之间的管道不需用三通再接支管,使管道的连接口设在管段两端,从而使接口可明露,便于检查维修,也可降低造价。分水器的安装应尽量使管道通顺,减少弯曲。当分水器的分支管嵌墙敷设时,分水器宜垂直安装;当分支管在楼(地)面找平层内敷设时,分

水器宜水平安装。管道与分水器的连接口应方便检修。

(3)支管安装应注意的问题。

1)从给水立管接出装有 3 个或 3 个以上配水点的支管始端,应安装可拆卸的连接件。冷、热水管上下平行安装时,热水管应在冷水管的上方,支管预留口位置应左热右冷;冷、热水管垂直平行安装时,热水管应在冷水管的左侧。

2)明装给水支管应远离热源,立支管距灶边的净距不得小于0.4 m,距燃气热水器的距离不得小于 0.2 m,不能满足要求时应采取隔热措施。

3)嵌墙敷设和在楼(地)面找平层内敷设的给水支管,隐蔽前应进行水压试验,试压合格后方可隐蔽。

4)厨房、卫生间是各种管道集中的地方,管道安装时各专业工种应协同配合,合理安排施工顺序,细心操作,避免打钉、钻孔时损伤管道和损坏土建防水层。

5)嵌墙敷设和在楼(地)面找平层内敷设的给水支管安装完毕,宜在墙面和地面管道所在位置画线显示,防止住户二次装修时损坏管道。

五、给水管道防冻、防结露和保温措施

1.管道应采取防冻、防结露措施的场所或部位

(1)敷设在冬季不采暖建筑物内的给水管道,以及安设在受室外空气影响的门厅、过道等处的管道,在冬季有可能结冻时,应采取防结冻保温措施。保温材料选用及做法应符合设计要求,宜采用管外壁缠包岩棉管壳、玻璃纤维管壳、聚乙烯泡沫管壳等材料。

(2)在采暖的卫生间及工作室温度较室外气温高的房间,如厨房、洗涤间等,当空气湿度较高的季节或管道内水温较室温低的时候,管道外壁可能产生凝结水,影响使用和室内卫生,必须采取防潮隔热措施;给水管道在吊顶内、楼板下和管井内等不允许管表面结露而滴水的部位,也应采取防潮隔热措施。防潮隔热层材料选用及做法应符合设计要求,一般宜采用管外壁缠包 15 mm 厚岩棉毡带,外缠塑料布,接缝处用胶黏紧,或采用管外壁缠包聚氨酯泡沫塑料管壳 20 mm 厚,外缠塑料布。

(3)根据设计要求的其他场所或部位。

2.管道保温、防潮和隔热施工要点

(1)管道防冻保温及防潮隔热施工,应在防腐、水压试验合格后进行。如需先保温或预先做保温层,应将管道连接处环缝留出,待水压试验合格后再将连接处进行保温。

(2)保温防潮层施工前,必须对所用材料检查其合格证或化验、试验记录,以保证保温材料品种、规格、性能等均符合设计要求和有关规定。

(3)保温层施工时,在阀门、法兰及其他可拆卸部件的周围,应留出孔隙,其

大小以能拆卸螺栓为准。保温层断面应做成 45°角,并封闭严密。支、托架两侧应留间隙,以保证管道正常滑动。

(4)保温结构层间黏贴应紧密、平整、压缝,圆弧均匀,伸缩缝布置合理,不应有环形断裂现象。采用成型预制块和缠裹材料时,接缝应错开,嵌缝要饱满。

(5)防潮层应紧贴于保温层上,不允许有局部脱落和鼓包现象。

3. 管道保温层的厚度和平整度

管道保温层的厚度和平整度的允许偏差应符合表4-5的规定。

表 4-5 　　　　　　　管道及设备保温的允许偏差和检验方法

项次	项　　　目		允许偏差/mm	检验方法
1	厚度		$+0.1\delta$ -0.05δ	用钢针刺入
2	表面平整度	卷材	5	用 2 m 靠尺和楔形塞尺检查
		涂抹	10	

注:δ 为保温层厚度。

第四节　室内排水系统安装

一、室内排水系统的安装

室内污水管道一般采用铸铁排水管或硬聚氯乙烯(PVC-U)塑料排水管。

1. 排出管安装

为便于施工,可对部分排水管材及管件预先捻口,养护后运至施工现场。在房中或挖好的管沟中,将预制好的管道承口作为进水方向,按照施工图所注标高,找好坡度及各预留口的方向和中心,捻好固定口。待铺设好后,灌水检查各接口有无渗漏现象。经检查合格后,临时封堵各预留管口,以免杂物落入,并通知土建填堵孔洞,按规定回填土。

管道穿过房屋基础或地下室墙壁时应预留孔洞,并应做好防水处理,如图 4-21 所示。预留孔洞尺寸,如表 4-6 所示。

表 4-6　排水管穿基础预留孔洞尺寸　(单位:mm)

管　　径	50～100	125～150	200～250
孔洞 A 尺寸	300×300	400×400	500×500
孔洞 A 穿砖墙	240×240	360×360	490×490

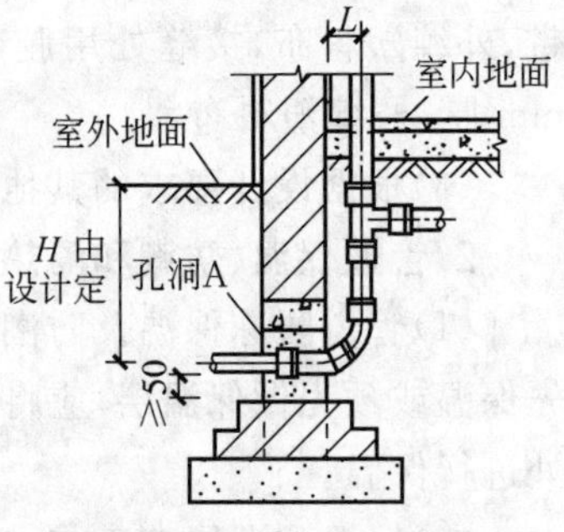

图 4-21　排水管穿墙
基础图(单位:mm)

为了减小管道的局部阻力和防止污物堵塞管道,通向室外的排出管,穿过墙壁或基础必须下返时,应用两个45°弯头连接,如图4-21所示。排水管道的横管与横管、横管与立管的连接,应采用45°三通或45°四通和90°斜三通或90°斜四通。

排出管应与室外排水管道管顶标高相平齐,并且在连接处的排出管的水流转角不应小于90°。

排出管与室外排水管道连接处应设检查井,检查井中心至建筑物外墙的距离不宜小于3 m,也可设在管井中。

生活污水和地下埋设的雨水排水管的坡度应符合表4-7和表4-8的规定。

表 4-7　　　　　　　　　　　　　生活污水管道坡度

管径/mm	标准坡度	最小坡度
50	0.035(0.025)	0.025(0.012)
75	0.025(0.015)	0.015(0.008)
100(110)	0.020(0.012)	0.012(0.006)
125	0.015(0.010)	0.010(0.005)
150(160)	0.010(0.007)	0.007(0.004)
200	0.008	0.005

注:括号内为塑料管。

表 4-8　　　　　　　　　　　　地下埋设雨水排水管道坡度

管径/mm	最小坡度	管径/mm	最小坡度
50	0.020	125	0.006
75	0.015	150	0.005
100	0.008	200~400	0.004

2.排水立管安装

排水立管通常沿卫生间墙角敷设安装。

立管安装时,应两人上下配合,一人在上层楼板上用绳拉,下面一人托,把管子移到对准下层承口将立管插入,下层的工人要把甩口(三通口)的方向找正,随后吊直,这时,上层的工人用木楔将管临时卡牢,然后捻口,堵好立管洞口。

现场施工时,可先预制,也可将管材、管件运至各层进行现制。

3.排水支管的安装

安装排水支管时,应根据各卫生器具位置排料、断管、捻口养护,然后将预制好的支管运到各层。安装时需两人将管托起,插入立管甩口(三通口)内,用钢丝临时吊牢,找好坡度、找平,即可打麻捻口,配装吊架,其吊架间距不得大于 2 m。然后安装存水弯,找平找正,并按地面甩口高度量卫生器具短管尺寸,配管捻口、找平找正,再安卫生器具,但要临时堵好预留口,以免杂物落入。

4.通气管安装

通气管应高出屋面 0.3 m 以上,并且应大于最大积雪厚度,以防止雪掩盖通气管口。对于平屋顶,若经常有人逗留,则通气管应高出屋面 2.0 m。通气管上应做铁丝球(网罩)或透气帽,以防杂物落入。

通气管的施工应与屋面工程配合好,一般做法,如图4-22所示。通气管安装好后,把屋面和管道接触处的防水处理好。

5.清通装置设置

排水立管上设置的检查口,如图4-23所示。检查口中心距地面一般为 1 m,并应高出该层卫生器具上边缘 150 mm。检查口安装的朝向应以清通时操作方便为准,暗装立管,检查口处应安装检修门。

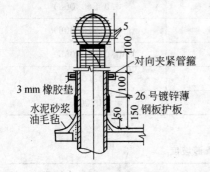

图 4-22　通气管出屋面(单位:mm)

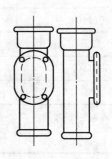

图 4-23　检查口

排水横管上的清扫口,应与地面相平,如图 4-24 所示。当污水横支管在楼板下悬吊敷设时,可将清扫口设在其上面楼板地面上或楼板下排水横支管的起点处。

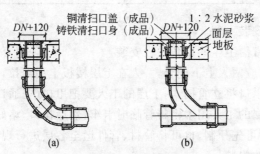

图 4-24　清扫口

(a)排水管起点清扫口;(b)排水管中途清扫口

为了清通方便,排水横管清扫口与管道相垂直的墙面距离不得小于 200 mm,若排水横管起点设置堵头代替清扫口,与墙面距离不得小于 400 mm。当污水横管的直线段较长时,应按表 4-9 规定设置检查口或清扫口。

表 4-9　　　　　　　　　　检查口或清扫口之间的最大距离

管径 /mm	污水性质			清通装置 的种类
	假定 净水	生活粪便水和成分 近似粪便水的污水	含大量悬浮 物的污水	
	间距/m			
50～75	15	12	10	检查口
50～75	10	8	6	清扫口
100～150	20	15	12	检查口
100～150	15	10	8	清扫口
200	25	20	15	检查口

二、硬聚氯乙烯排水管道安装

硬聚氯乙烯管道的连接方法有螺纹连接和黏接两种。管道的吊架、管卡可用定型注塑材料,也可用其他材料。

硬聚氯乙烯埋地管道安装时应在管沟底部用 100～150 mm 的砂垫层,安放管道后要用细砂回填至管顶上至少 200 mm。当埋地管穿越地下室外墙时,应采取防水措施。当采用刚性防水套管时,可按图 4-25 施工。

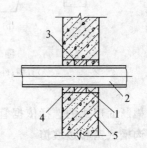

图 4-25　管道穿越地下室外墙
1—预埋刚性套管;2—PVC-U 管;
3—防水胶泥;4—水泥砂浆;
5—钢筋混凝土外墙

(1)立管安装。当层高不大于 4 m 时,应每层设置一个伸缩节;当层高大于 4 m 时,应按计算伸缩量来选伸缩节数量。安装时先将管段扶正,将管子插口插入伸缩节承口底部,并按要求预留出间隙,在管端画出标记,再将管端插口平直插入伸缩节承口橡胶圈内,用力均匀,找直、固定立管,完毕后即可堵洞。住宅内安装伸缩节的高度为距地面 1.2 m,伸缩节中预留间隙为 10～15 mm。

(2)支管安装。将支管水平吊起,涂抹胶粘剂,用力推入预留管口。调整坡度后固定卡架,封闭各预留管口和填洞。

硬聚氯乙烯管道支架允许最大间距,应按表4-10确定。

表4-10　　　　　　　　　　　　硬聚氯乙烯塑料管支架间距

管径/mm		50	75	110	125	160
支吊架最大间距/m	横管	0.5	0.75	1.10	1.30	1.6
	立管	1.2	1.5	2.0	2.0	2.0

注:立管穿楼板和屋面处,应为固定支撑点。

排水塑料管与排水铸铁管连接时,捻口前应将塑料管外壁用砂布、锯条打毛,再填以油麻、石棉水泥进行接口。

排水工程结束验收时应做系统通水能力试验。

第五节　室外给水系统安装

室外给水管道一般采取直接埋地敷设。

一、管沟的开挖

1.沟槽断面形式
常用的沟槽断面形式有:直槽、梯形槽、混合槽及联合槽等,如图4-26所示。

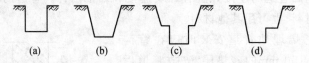

(a)　　　　　(b)　　　　　(c)　　　　　(d)

图4-26　沟槽断面形式

(a)直槽;(b)梯形槽;(c)混合槽;(d)联合槽

开槽断面形式的选择依据管径大小、埋深、土质和施工条件等因素确定。

2.沟槽底宽和边坡值
沟槽底宽以 B 表示,B 值按表4-11经验数值选定。

梯形槽放坡值以 M 表示,M 值可参照表4-12确定。

表4-11　　　　　　　　　　　　直埋管敷设槽底宽度 B 值

管径/mm 管材种类	100～200	250～350	400～450	500～600
金属管、石棉水泥管/m	0.7	0.8	1.0	1.3
混凝土管/m	0.9	1.0	1.2	1.5
陶土管/m	0.8	0.9	—	—

表 4-12　　　　　　　　　　　　　　　　　梯形槽的放坡值

土质类别	放坡值/m	
	槽深 $H<3$	槽深 $H>3$
砂土	$0.75H$	$1.0H$
亚黏土	$0.50H$	$0.67H$
亚砂土	$0.33H$	$0.50H$
黏土	$0.25H$	$0.33H$

沟槽上口宽度(W)的确定。已知沟槽土质情况,挖深和放坡值即可按下式计算:

$$W = B + 2M$$

式中　W——梯形槽上口宽度(m);

　　　B——槽底宽度(m);

　　　M——边坡值,查表 4-12。

3. 管道测量定线

根据管线平面图,用经纬仪测定管线中心线,在管道分支、变坡、转弯及井室中心等处设中心桩,同时沿管线每隔10～15 m处设坡度桩,沟槽开挖前,在管道中心线两侧各量 1/2 沟槽上口宽度,拉线洒白灰,定出管沟开挖边线,俗称放线。

(1)埋设坡度板:沟槽开挖前,由测量人员按照管线设计桩号每隔 10～15 m 和管线转弯、分支、变坡等处埋设一块木板,木板上钉上管线中心钉和高程钉,标记出桩号和井号,如图 4-27 所示。用以控制沟槽宽度和挖深。

(2)沟底找坡:在各坡度板上中心钉挂线,即可确定出管中心线 $A-A'$,用此线控制安管中心位置。

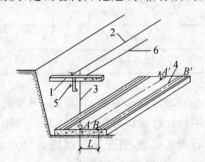

图 4-27　坡度板

1—坡度板;2—中心线;3—中心垂线;
4—管基础;5—高程钉;6—坡度线

(3)在各坡度板上高程钉挂线,线绳坡度与管道设计坡度相同,挂线高程减去下返常数即为管底设计标高。以此控制沟槽挖深和稳管高程。

(4)沟槽开挖可用人工法和机械法两种。机械法开挖测量分两步测设,第一步粗钉中心桩,放出挖槽边线,挖深只给距管底设计标高少挖 20～30cm,待第二步再测设坡度板时,用人工清槽至设计标高。

二、室外给水管道的安装

由于采用管材和接口形式的不同,其安装程序不尽相同。

1. 承插式刚性接口

(1)普通铸铁管承插式石棉水泥接口。

1)下管:在挖好沟槽后,经验槽合格即开始下管。下管方法有人工压绳法(图 4-28)和机械下管法。

图 4-28 压绳下管法

(a)撬棍压绳法;(b)集中下管法

1—撬棍;2—下管大绳;3—埋立管;4—下管

2)对口:一般采用人工用撬棍撞口,听到顶撞声,而有回弹留有间隙,其间隙值见表 4-13。可用塞尺插入承口检查对口间隙大小。同时注意对中和对高程的要求。

表 4-13 承插铸铁管对口最大间隙 (单位:mm)

公称直径	直线敷设	曲线敷设
75	4	5
100~250	5	7~13
300~500	6	14~22

3)打口和养护:打口前,先检查管子安装的位置和坡度是否符合设计要求,用铁牙将承口环形间隙找匀。再用麻錾打麻(或橡胶圈)至紧密状态,分层填打石棉水泥灰,直至灰口凹进承口 2 mm 左右为止。然后用湿土覆盖养护 48 小时以上,可进行水压试验。

4)管道上的管件、阀门与管道安装同时进行,而消火栓、排气阀等附件在水压试验后再进行安装,各类井室在回填土前完成砌筑。

5)沟槽回填土:水压试验合格后即可开始土方回填,应从管子两侧同时回填,每层摊铺厚度 20~30cm,边回填边夯实,同时进行干密度测试,直至回填至地面。

(2)承插铸铁管膨胀水泥砂浆接口。接口密封填料采用膨胀水泥砂浆、可避免用锤打击石棉水泥灰的繁重体力劳动,只需分层填入膨胀水泥砂浆,分层捣实即可。

膨胀水泥砂浆配合比:膨胀水泥:砂:水＝1:1:0.3。随用随拌和半小时内用完。

（3）青铅接口内填油麻,外填青铅。

在打好油麻后,将铅熔化,灌入承口内,凝固后,卸下卡箍,用铅錾捻打,直至铅表面平滑。

2.承插式柔性接口

（1）承插式球墨铸铁管接口。

1）准备工作。

①检查管材有无损坏,承插口工作面尺寸是否在允许范围内。

②对承插口工作面的毛刺和污物清除干净。

③橡胶圈形体完整,表面无裂缝。

④检查安装机具是否配套齐全、良好。

2）安装步骤。

①清理承、插管口,刷一层润滑剂。

②上胶圈,把胶圈上到承口槽内,用手轻压一遍,使其均匀一致卡在槽内。

③将插口中心对准承口中心,安装好倒链,均匀地使插口推入承口内,如图 4-29 所示。

（2）预应力钢筋混凝土管接口。一般管径在 400 mm 以上,采用承插式接口、橡胶圈为密封材料。其安装方法基本与球墨铸铁管相同,其接口大样,如图 4-30 所示。

顶推机具可采用千斤顶法、倒链（手动葫芦）法及其他顶进设备。

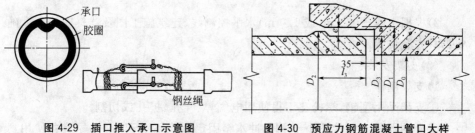

图 4-29　插口推入承口示意图　　图 4-30　预应力钢筋混凝土管口大样

第六节　卫生设备安装

一、卫生器具安装

1.施工工艺

（1）定位放线。

1）依据表 4-14 确定卫生器具安装高度。

表 4-14   卫生器具安装高度

卫生器具名称		安装高度/mm		备 注
		居住和公共建筑	幼儿园	
污水盆(池)	架空式	800	800	—
	落地式	500	500	—
洗涤盆(池)		800	800	自地面至器具上边缘
洗脸盆、洗手盆(有塞,无塞)		800	500	
盥洗槽		800	500	
浴盆		≤520	—	
蹲式大便器	高水箱	1800	1800	自台阶面至高水箱底
	低水箱	900	900	自台阶面至低水箱底
坐式大便器	高水箱	1800	1800	自台阶面至高水箱底
	低水箱 外露排出管式	510	370	自地面至低水箱底
	低水箱 虹吸喷射式	470		
小便器	挂式	600	450	自地面至下边缘
小便槽		200	150	自地面至台阶面
大便槽冲洗水箱		≥2000	—	自台阶至水箱底
妇女卫生盆		360	—	自地面至器具上边缘
化验盆		800	—	自地面至器具上边缘

2)根据土建+0.5 m(或1.0 m)水平控制线、建筑施工图及器具安装高度确定器具安装位置。

(2)支架安装。

1)支架制作。

①支架采用型钢,螺栓孔不得使用电气焊、开孔、扩孔或切割。

②坐便器固定螺栓不小于 M6,冲水箱固定螺栓不小于 M10,家具盆使用扁钢支架时不小于 40 mm×3 mm,螺栓不小于 M8。

③支架制作应牢固、美观,孔眼及边缘应平整光滑,与器具接触面吻合。

④支架制作完成后进行防腐处理。

2)支架安装。

①钢筋混凝土墙:找好安装位置后,用墨线弹出准确坐标,打孔后直接使用膨胀螺栓固定支架。

②砖墙:用 ϕ20 的冲击钻在已经弹出的坐标点上打出相应深度的孔,将洞内杂物清理干净,放入燕尾螺栓,用强度等级不小于32.5级的水泥捻牢。

③轻钢龙骨墙：找好位置后，应增加加固措施。

④轻质隔板墙：固定支架时，应打透墙体，在墙的另一侧增加薄钢板固定，薄钢板必须嵌入墙面内，外表与土建装饰面抹平。

3)支架安装过程中应注意和土建防水工序的配合，如对其防水造成破坏，应及时通知土建处理。

(3)蹲便器、高低水箱安装。

1)将胶皮碗套在蹲便器进水口上套正、套实后紧固。

2)找出排水管口的中心线，并画在墙上，用水平尺(或线坠)找好竖线。

3)将下水管承口内抹上油灰，蹲便器位置下铺垫白灰膏(白灰膏厚度以蹲便器标高符合要求为准)，然后将蹲便器排水口插入排水管承口内稳装好。

4)用水平尺放在蹲便器上沿，纵横双向找平、找正，使蹲便器进水口对准墙上中心线。

5)蹲便器两侧用砖砌好抹光，将蹲便器排水口与排水管承口接触处的油灰压实、抹光。然后将蹲便器排水口临时封堵。

6)蹲便器稳装之后，确定水箱出水口中心位置，向上测量出规定高度(箱底距台阶面 1.8 m)。

7)根据高水箱固定孔与给水孔的距离确定固定螺栓高度，在墙上做好标记，安装支架及高水箱。

8)稳装多联蹲便器时，应先找出标准地面标高，向上测量好蹲便器需要的高度，用小线找平，找好墙面距离，然后按上述方法逐个进行稳装。

9)多联高低水箱应按上述做法先挂两端的水箱，然后挂线拉平找直，再稳装中间水箱。

(4)背水箱坐便器安装。

1)清理坐便器预留排水口，取下临时管堵，检查管内有无杂物。

2)将坐便器出水口对准预留口放平找正，在坐便器两侧固定螺栓眼孔处做好标记。

3)在标记处剔 ϕ20 mm×60 mm 的孔洞，栽入螺栓，将坐便器试稳，使固定螺栓与坐便器吻合，移开坐便器。将坐便器排水口及排水管口周围抹上油灰后将坐便器对准螺栓放平、找正，进行安装。

4)对准坐便器尾部中心，在墙上画好垂直线，在距地坪 800 mm 高度画水平线。根据水箱背面固定孔眼的距离，在水平线上做好标记，栽入螺栓。将背水箱挂在螺栓上放平、找正，进行安装。

(5)洗脸盆安装。

1)挂式洗脸盆安装。

①燕尾支架安装：按照排水管中心在墙上画出竖线，由地面向上量出规定

的高度,画出水平线,根据盆宽在水平线上做好标记,栽入支架。将洗脸盆置于支架上找平、找正后将架钩钩在盆下固定孔内,拧紧盆架的固定螺栓,找平找正。

②铸铁架洗脸盆安装:按上述方法找好十字线,栽入支架,将活动架的固定螺栓松开,拉出活动架将架钩钩在盆下固定孔内,拧紧盆架的固定螺栓,找平找正。

2)柱式洗脸盆安装。

①按照排水管口中心画出竖线,立好支柱,将洗脸盆中心对准竖线放在立柱上,找平后在洗脸盆固定孔眼位置栽入支架。

②将支柱在地面位置做好标记,并放好白灰膏,稳好支柱和脸盆,将固定螺栓加橡胶垫、垫圈,带上螺母拧至松紧适度。

③洗脸盆面找平,支柱找直后将支柱与洗脸盆接触处及支柱与地面接触处用白水泥勾缝抹光。

3)台式洗脸盆安装。待土建做好台面后,按照上述方法固定洗脸盆并找平找正,盆与台面的缝隙处用密闭膏封好,防止漏水。

(6)净身盆安装。

1)清理排水预留管口,取下临时管堵,装好排水三通下口铜管。

2)将净身盆排水管插入预留排水管口内,将净身盆稳平找正,做好固定螺栓孔眼和底座的标记,移开净身盆。

3)在固定螺栓孔标记处栽入支架,将净身盆孔眼对准螺栓放好,与原标记吻合后再将净身盆下垫好白灰膏,排水铜管套上护口盘。净身盆找平、找正后稳牢。净身盆底座与地面有缝隙之处,嵌入白水泥膏补齐、抹平。

(7)挂式小便器安装。

1)根据排水口位置画一条垂线,由地面向上量出规定的高度画一水平线,根据小便器尺寸在横线上做好标记,再画出上、下孔眼的位置。

2)在孔眼位置栽入支架,托起小便器挂在螺栓上。把胶垫、垫圈套入螺栓,将螺母拧至松紧适度。将小便器与墙面的缝隙嵌入白水泥膏补齐、抹光。

(8)立式小便器安装。

1)按照上述其他卫生器具的安装方法,根据排水口位置和小便器尺寸做好标记,栽入支架。

2)将下水管周围清理干净,取下临时管堵,抹好油灰,在立式小便器下铺垫水泥、白灰膏的混合物(比例为1∶5)。

3)将立式小便器找平、找正后稳装。立式小便器与墙面、地面缝隙嵌入白水泥浆抹平、抹光。

(9)家具盆安装。

1)将盆架和家具盆进行试装,检查是否相符。

2)将冷、热水预留管之间画一平分垂线(只有冷水时,家具盆中心应对准给水管口)。由地面向上量出规定的高度,画出水平线,按照家具盆架的宽度做好标记,剔成 φ50×120 的孔眼,将盆架找平、找正后用水泥栽牢。

3)将家具盆放于支架上使之与支架吻合,家具盆靠墙一侧缝隙处嵌入白水泥浆勾缝抹光。

(10)浴盆安装。

1)浴盆稳装前应将浴盆内表面擦拭干净,同时检查瓷面是否完好。

2)带腿的浴盆先将腿部的螺栓卸下,将拔销母插入浴盆底卧槽内,把腿扣在浴盆上带好螺母拧紧找平。

3)浴盆如砌砖腿时,应配合土建把砖腿按标高砌好。将浴盆稳于砖台上,找平、找正。浴盆与砖腿缝隙处用1:3水泥砂浆填充抹平。

(11)器具通水试验。

1)器具安装完成后,应进行满水和通水试验,试验前应检查地漏是否畅通,分户阀门是否关好,然后按层段分户分房间逐一进行通水试验。

2)试验时临时封堵排水口,将器具灌满水后检查各连接件不渗不漏;打开排水口,排水通畅为合格。

2.卫生设备安装要点

(1)排水栓和地漏的安装应平正、牢固,低于排水表面,周边无渗漏。地漏水封高度不得小于 50 mm。

(2)卫生器具交工前应做满水和通水试验。

(3)卫生器具安装的允许偏差应符合表 4-15 的规定。

表 4-15　　　卫生器具安装允许偏差和检验方法

项　　目		允许偏差/mm	检验方法
坐标	单独器具	10	拉线、吊线和尺量检查
	成排器具	5	
标高	单独器具	±15	
	成排器具	±10	
器具水平度		2	用水平尺和尺量检查
器具垂直度		3	用吊线和尺量检查

(4)有饰面的面盆、浴盆,应留有通向排水口的检修门。

(5)小便槽冲洗管,应采用镀锌钢管或硬质塑料管。冲洗孔应斜向下安装,冲洗水流同墙面成 45°,镀锌钢管钻孔后应进行二次镀锌。

(6)卫生器具的支、托架必须防腐良好,安装平整、牢固,与器具接触紧密、平稳。

二、卫生器具配件安装

1. 施工工艺

(1)高水箱配件安装。

1)根据水箱进水口位置,确定进水弯头和阀门的安装位置,拆下水箱进水口的锁母,加上垫片,拆下水箱出水管根母,加垫片,安装弹簧阀及浮球阀,组装虹吸管、天平架及拉链,拧紧根母。

2)固定好组装完毕的水箱,把冲洗管上端插入水箱底部锁母后拧紧,下端与蹲便器的胶皮碗用16号铜丝绑扎3～4道。冲洗管找正找平后用单立管卡子固定牢固。

(2)低水箱配件安装。

1)根据低水箱固定高度及进水点位置,确定进水短管的长度,拆下水箱进水漂子门根母及水箱冲洗管连接锁母,加垫片,安装溢水管,把浮球拧在漂杆上,并与浮球阀连接好,调整挑杆的距离,挑杆另一端与扳把连接。

2)冲洗管的安装与高水箱冲洗管的安装相同。

(3)连体式背水箱配件安装。

1)把进水浮球阀与水箱连接处孔眼加垫片,拧紧适度,根据水箱高度与预留给水管的位置,确定进水短管的长度,与进水八字门连接。

2)在水箱排水孔处加胶圈,把排水阀与水箱出水口用根母拧紧,盖上水箱盖,调整把手,与排水阀上端连接。

3)皮碗式冲洗水箱,在排水阀与水箱出水口连接紧固后,根据把手到水箱底部的距离,确定连接挑杆与皮碗的尼龙线的距离并连接好,使挑杆活动自如。

(4)分体式水箱配件安装。

分体式水箱在箱内配件安装的原理和连体式水箱相同,分体式水箱的箱体和坐便器通过冲洗管连接,拆下水箱出水口的根母,加胶圈,把冲洗管的一端插入根母中,拧紧适度,另一端插入坐便器的进水口橡胶碗内,拧牢压盖,安装紧固后的冲洗管的直立端应垂直,横装端应水平或稍倾向坐便器。

(5)延时自闭冲洗阀的安装。

根据冲洗阀的中心距地面高度和冲洗阀至胶皮碗的距离,断好90°弯的冲洗管,使两端吻合,将冲洗阀锁母和胶圈卸下,套在冲洗管直管段上,将弯管的下端插入胶皮腕内40～50 mm,固定牢固。将上端插入冲洗阀内,推上胶圈,调直找正,将锁母拧至适度。扳把式冲洗阀的扳手应朝向右侧,按钮式冲洗阀的按钮应朝向正面。

(6)脸盆水龙头安装。

将水龙头根母、锁母卸下,插入脸盆给水孔眼,下面再套上橡胶垫圈,带上根母后将锁母拧紧至松紧适度。

(7)浴盆混合水龙头的安装。

冷、热水管口找平、找正后,将混合水龙头转向对丝缠生料带,带好护口盘,用自制扳手插入转向对丝内,分别拧入冷、热水预留管口并校好尺寸,找平找正,使护口盘与墙面吻合。然后将混合水龙头对正转向对丝并加垫,拧紧锁母找平、找正后用扳手拧至松紧适度。

(8)给水软管安装。

量好尺寸,配好短管,装上八字水门;将短管另一端螺纹处缠生料带后拧在预留给水管口至松紧适度(暗装管道带护口盘,要先将护口盘套在短节上,短管上完后,将护口盘内填满油灰,向墙面找平,按实并清理外溢油灰);将八字水门与水龙头的锁母卸下,背靠背套在短管上,分别加好紧固垫(料),上端插入水龙头根部,下端插入八字水门中口,找直、找正后分别拧好上、下锁母至松紧适度。

(9)小便器配件安装。

1)将小便器角式长柄截止阀的螺纹上缠好生料带。

2)压盖与给水预留口连接,用扳手适度紧固,压盖内加油灰并使其与墙面吻合严密。

3)角阀的出口对准喷水鸭嘴,确定短管长度,压盖与锁母插入喷水鸭嘴和角阀内。

(10)净身盆配件安装。

1)卸下混合阀门及冷、热水阀门的阀盖,调整根母。在混合开关的四通下口装上预装好的喷嘴转心阀门。在混合阀门四通横管处套上冷、热水阀门的出口锁母,加胶圈组装在一起,拧紧锁母。将三个阀门门颈处加胶垫、垫圈带好根母。混合阀门上加角型胶垫及少许油灰,扣上长方形镀铬护口盘,带好根母,将混合阀门上根母拧紧至适度,能使转心阀门盖转动30°。再将冷、热水阀门的上根母对称拧紧。分别装好三个阀门门盖,拧紧固定螺丝。

2)喷嘴安装:在喷嘴靠瓷面处加 1 mm 厚的胶垫,抹少许油灰;把铜管的一端与喷嘴连接,另一端与混合阀门四通下转心阀门连接;拧紧锁母,转心阀门梃应该朝向与四通平行一侧,以免影响手提拉杆的安装。

3)排水口安装:排水口加胶垫后穿入净身盆排水孔眼,拧入排水三通上口;使排水口与净身盆排水孔眼的凹面相吻合后将排水口圆盘下加抹油灰,外面加胶垫、垫圈,用自制扳手卡入排水口内十字筋,使溢水口对准净身盆溢水孔眼,拧入排水三通上口。

4)手提拉杆安装:在排水三通中口装入挑杆弹簧珠,拧紧锁母至松紧适度,将手提拉杆插入空心螺栓,用卡具与横挑杆连接,调整定位,使手提拉杆活动自如。

(11)淋浴器安装。

1)镀铬淋浴器安装。

①暗装管道将冷、热水预留管口加试管找平、找正后,量好短管尺寸,断管、套丝、缠生料带,上好短管弯头。

②明装管道按规定标高撼好元宝弯,上好管箍。

③在淋浴器锁母外丝丝头处缠生料带并拧入弯头或管箍内,再将淋浴器对准锁母外丝,将锁母拧紧。

④将固定圆盘上的孔眼找平、找正后做好标记,卸下淋浴器,在标记处栽好铅皮卷。

⑤将锁母外螺纹加垫,对准淋浴器拧至松紧适度,再将固定圆盘与墙面靠严并固定在墙上。

⑥将淋浴器上部铜管预装在三通口上,使立管垂直,固定圆盘与墙面贴实,孔眼平正,做好标记并栽入铅皮卷,锁母外加垫,将锁母拧至松紧适度。

2)铁管淋浴器的组装。由地面向上量出 1.15 m,画出阀门中心标高线,再画出冷、热阀门中心位置,测量尺寸,预制短管,按顺序组装,立管、喷头找正后栽固定立管卡,将喷头卡住。

(12)排水栓的安装。

1)卸下排水栓根母,放在家具盆排水孔眼内,将一端套好螺纹的短管涂油、缠麻拧上存水弯外露 2～3 扣。

2)量出排水孔眼到排水预留管口的尺寸,断好短管并做扳边处理,在排水栓圆盘下加 1 mm 胶垫、垫圈,带上根母。

3)在排水栓螺纹处缠生料带后使排水栓溢水眼和家具盆溢水孔对准,拧紧根母至松紧适度并调直找正。

(13)S 形存水弯的连接。

1)应采用带检查口型的 S 形存水弯,在脸盆排水栓螺纹下端缠生料带后拧上存水弯至松紧适度。

2)把存水弯下节的下端缠生料带后插在排水管口内,将胶垫放在存水弯的连接处,调直找正后拧至松紧适度。

3)用油麻、油灰将下水管口塞严、抹平。

(14)P 形存水弯的连接。

1)在脸盆排水口螺纹下端缠生料带后拧上存水弯至松紧适度。

2)把存水弯横节按需要长度配好,将锁母和护口盘背靠背套在横节上,在端头套上橡胶圈,调整安装高度至合适,然后把胶垫放在锁口内,将锁母拧至松紧适度。

3)把护口盘内填满油灰后找平、按平,将外溢油灰清理干净。

(15)浴盆排水配件安装。

1)将浴盆配件中的弯头与短横管相连接,将短管另一端插入浴盆三通的口内,拧紧锁母。三通的下口插入竖直短管,竖管的下端插入排水管的预留甩口内。

2)浴盆排水栓圆盘加胶垫,抹铅油,插进浴盆的排水孔眼里,在孔外加胶垫和垫圈,在螺纹上缠生料带,用扳手卡住排水口上的十字筋与弯头拧紧连接好。

3)溢水立管套上锁母,插入三通的上口,并缠紧油麻,对准浴盆溢水孔,拧紧锁母。将排出管接入水封存水弯或存水盒内。

(16)卫生器具给水配件的安装高度见表4-16。

表 4-16　　　　　　　卫生器具给水配件安装高度　　　　　（单位:mm）

给水配件名称		配件中心距地面高度	冷、热水龙头距离
架空式污水盆(池)水龙头		1000	—
落地式污水盆(池)水龙头		800	—
洗涤盆(池)水龙头		1000	150
住宅集中水龙头		1000	—
洗手盆水龙头		1000	—
洗脸盆	水龙头(上配水)	1000	150
	水龙头(下配水)	800	150
	角阀(下配水)	450	—
盥洗槽	水龙头	1000	150
	冷、热水管上下并行其中热水龙头	1100	150
浴盆	水龙头(上配水)	670	150
淋浴器	截止阀	1150	95
	混合阀	1150	—
	淋浴喷头下沿	2100	—
大便槽冲洗水箱截止阀(台阶面算起)		≥2400	—
立式小便器角阀		1130	—
挂式小便器角阀及截止阀		1050	—
小便槽多孔冲洗管		1100	—

续表

给水配件名称		配件中心距地面高度	冷、热水龙头距离
实验室化验水龙头		1000	—
妇女卫生盆混合阀		360	—
坐式大便器	高水箱角阀及截止阀	2040	
	低水箱角阀	150	
蹲式大便器（台阶面算起）	高水箱角阀及截止阀	2040	
	低水箱角阀	250	
	手动式自闭冲洗阀	600	
	脚踏式自闭冲洗阀	150	
	拉管式自闭冲洗阀（从地面算起）	1600	
	带防污助冲器阀门（从地面算起）	900	—

(17)连接卫生器具的排水管径和最小坡度见表 4-17。

表 4-17 连接卫生器具的排水管径和最小坡度

卫生器具名称		排水管管径/mm	管道的最小坡度/%
污水盆(池)		50	25
单、双格洗涤盆(池)		50	25
洗手盆、洗脸盆		32～50	20
大便器	高、低水箱	100	12
	自闭式冲洗阀	100	12
	拉管式冲洗阀	100	12
小便器	手动、自闭式冲洗阀	40～50	20
	自动冲洗水箱	40～50	20
化验盆(无塞)		40～50	25
净身器		40～50	20
饮水器		20～50	10～20
家用洗衣机		50(软管为 30)	—

(18)配件调整。

配件安装完毕后,检查配件安装牢固度,开启方便,朝向合理,器具及配件周围做缝隙处理,抹平,清理干净。

(19)器具配件通水试验。

1)满水试验:打开器具进水阀门,封堵排水口,观察器具及各连接件是否渗漏,溢水口溢流是否畅通。

2)通水试验:器具满水后打开排水口,检查器具连接件,以不渗不漏排水通畅为合格。

2.卫生器具配件安装要点

(1)卫生器具配件应完好无损,接口严密,启闭灵活。

(2)卫生器具给水配件安装标高的允许偏差应符合表 4-18 的规定。

表 4-18　　　　　　　　　卫生器具给水配件安装允许偏差

项　目	允许偏差/mm	检验方法
大便器高、低水箱角阀及截止阀	±10	
水龙头	±10	用吊线和尺量检查
淋浴器喷头下沿	±15	
浴盆软管淋浴器挂钩	±20	

(3)浴盆软管淋浴器挂钩的高度,如设计无要求,应距地面 1.8 m。

第七节　建筑采暖系统安装

一、室内采暖管道的安装

1.热力入口

对于热水采暖系统,在热力入口的供回水管上应设置阀门、温度计、压力表、除污器等,供水管和回水管之间设连通管,并设有阀门,如图 4-31 所示。

蒸汽采暖系统,当室外蒸汽压力高于室内蒸汽系统的工作压力时,应在热力入口的供汽管上设置减压阀、安全阀等。

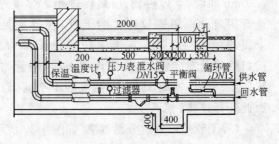

图 4-31　热力入口(单位:mm)

2.干管的安装

采暖干管分为保温干管和非保温干管,安装必须明确。室内干管的定位是以建筑物纵、横轴线控制走向,通常确定安装平面的位置(表4-19)。在立面高度上,一般设计图上标注的标高为管中心的标高,根据管径、壁厚推算出支架横梁面标高,来控制干管的立面安装位置和坡度。

表4-19   预留孔洞尺寸及管道与墙净距   (单位:mm)

管道名称及规格		管外壁与墙面最小净距	明装留孔尺寸长×宽	暗装墙槽尺寸宽×深
供热主干管	$DN \leqslant 80$	—	300×250	
	$DN=100 \sim 125$	—	350×300	
供热立管	$DN \leqslant 25$	25～30	100×100	130×130
	$DN=32 \sim 50$	35～50	150×150	150×130
	$DN=70 \sim 100$	55	200×200	200×200
	$DN=125 \sim 150$	60	300×300	—
散热器支管	$DN \leqslant 25$	15～25	100×100	60×60
	$DN=32 \sim 40$	30～40	150×130	150×100

(1)定位放线及支架安装。根据施工图的干管位置、走向、标高和坡度,挂通管子安装的坡度线,如未留孔洞时,应打通干管穿越的隔墙洞,弹出管子安装坡度线。在坡度线下方,按设计要求画出支架安装剔洞位置。

(2)管子上架与连接。在支架栽牢并达到设计强度后,即可将管子上架就位,通常干管安装应从进户管或分支路点开始。所有管口在上架前,均用角尺检测,以保证对口的平齐。采用焊接连接的干管,对口应不错口并留1.5～2.0 mm间隙,点焊后调直,最后焊死。焊接完成后即可校核管道坡度,无误后进行固定。采用螺纹连接的干管,在丝头处涂上铅油、缠好麻,一人在末端扶平管子,一人在接口处把管对准螺纹,慢慢转动入扣,用管钳拧紧适度。装好支架U形卡,再安装下节管,以后照此进行连接。

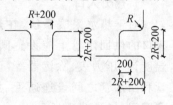

图 4-32 干管与分支管连接(单位:mm)

(3)干管过墙安装分路做法,如图 4-32 所示。

(4)分路阀门距分路点不宜过长。集气罐位于系统末端,进、出水口应开在偏下约为罐高的1/3处,其放风管应稳固。

(5)干管过门的安装方法,如图4-33所示。

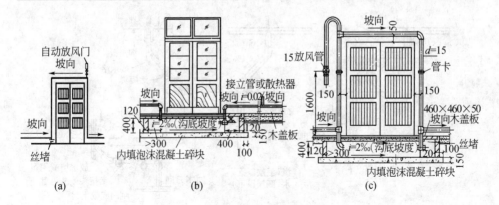

图 4-33　干管过门的安装(单位:mm)

(a)热水干管过门上安装;(b)热水干管过门下安装;(c)蒸汽干管过门安装

(6)管道安装后,检查标高、预留口等是否正确,然后调直,用水平尺对坡度,调整合格,调整支架螺栓 U 形卡,最后焊牢固定支架的止动板。

(7)放正各穿墙处的套管,封填管洞口,预留管口加好临时管堵。

(8)敷设在管沟、屋顶、吊顶内的干管,不经水压试验合格,不得进行保温和覆盖。

3.立管的安装

立管位置由设计确定,但距墙保持最小净距,易于安装操作。立管的安装步骤有如下几点。

(1)校对各层预留孔洞位置是否垂直。自顶层向底层吊通线,若未留预留孔洞,先打通各层楼板,吊线。再根据立管与墙面的净距,确定立管卡子的位置,剔眼,栽埋好管卡。

(2)立管的预制与安装。所有立管均应在量测楼层管段长度后,采用楼层管段预制法进行,将预制好的管段按编号顺序运至安装位置。安装可从底层向顶层逐层进行(或由顶层向底层进行)预制管段连接。涂铅油缠麻,对准管口转动入扣,用管钳拧紧适度,螺纹外露 2~3 扣,清除麻头。

每安装一层管段时,先穿入套管,对于无跨越管的单管串联式系统,应和散热器支管同时安装。

(3)检查立管的每个预留口标高、方向、半圆弯等是否准确、平正。将事先栽好的管卡子松开,把管放入卡内拧紧螺栓,找好垂直度,扶正钢套管,填塞孔洞使其套管固定。

(4)立管与干管连接的具体做法如图 4-34 所示。采用在干管上焊上短丝管头,以便于立管的螺纹连接。

立管一般明装,布置在外墙墙角及窗间墙处。立管距墙面的距离:立管的管

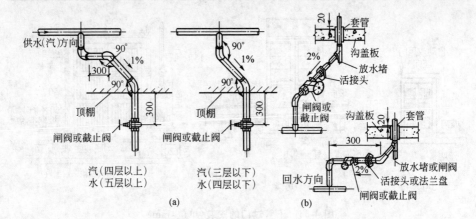

图 4-34 立、干管的连接（单位：mm）

(a)干管与立管离墙不同的连接方法；(b)地沟内立、干管的连接方法

卡当层高不大于 5 m 时，每层须安 1 个，管卡距地面 1.5～1.8 m。层高大于 5 m 时，每层不少于 2 个，两管卡匀称安装。

4.支管安装

散热器支管上一般都有乙字弯。安装时均应有坡度，以便排出散热器中的空气和放水。

当支管全长不大于 500 mm，坡度值为 5 mm；大于 500 mm 时，坡度值为 10 mm。当一根立管连接两根支管时，其中任一根超过 500 mm，其坡度值均为 10 mm。当散热器支管长度大于 1.5 m 时，应在中间安装管卡或托钩。

安装步骤有如下几点。

(1)检查散热器安装位置及立管预留口是否准确。量出支管尺寸，即散热器中心距墙与立管预留口中心距离之差。

(2)配支管。按量出支管的尺寸，减去灯叉弯的量，加工和调直管段，将灯叉弯两端头抹上铅油麻丝，装好活接头，连接散热器。

(3)检查安装后的支管的坡度和距墙的尺寸，复查立管及散热器有无移位。

上述管道系统全部安装之后，即可按规定进行系统试压、防腐、保温等项的施工。

二、采暖散热器安装

散热器是将采暖管道中流动的热水或蒸汽的热量传递给房间室内空气的一种设备，它使室内温度升高，从而满足人们工作和生活的需要。

1. 散热器的种类

散热器的种类很多，常用的散热器有铸铁散热器、钢制散热器、铝制散热器和双金属复合散热器等。

(1)铸铁散热器结构简单,耐腐蚀,使用寿命长,造价低,但承压能力低,金属耗量大,安装运输不方便;

(2)钢制散热器金属耗量小,占地面积小,承压能力高,但容易腐蚀,使用寿命短;

(3)铝制、铜(钢)铝复合型散热器均为辐射型散热器,具有结构紧凑、工艺先进、承压高、重量轻、功能与装饰效果统一的特点,符合建筑节能的要求。

2. 散热器的组对及安装

散热器一般采用明装,对房间装修和卫生要求较高时可以暗装,但会影响散热器的放热效果,从而不利于节能。如确需暖气罩来美化居室,可以将活动的百叶窗框罩倒置过来,使百叶翅片朝外斜向,有利于热空气顺畅上升,提高室内温度。此外,最近的实验结果证明,散热器表面改变传统的表面涂银粉漆的做法,采用其他各种颜色,如浅蓝漆等非金属涂料,可提高散热器的辐射换热比例。

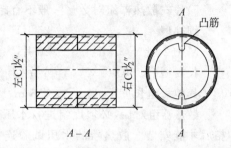

图 4-35 散热器对丝

(1)散热器的组对。

1)铸铁散热器(柱型、长翼型等)是由散热器片通过对丝组合而成。对丝如图 4-35 所示,它的一头为正螺纹,另一头是反螺纹,组成一组散热器。所用的材料见表 4-20。

表 4-20 散热器组对材料

材料名称	规格	单位	数量
散热器片	按设计图纸	片	n
散热器对丝	DN32	个	$2(n-1)$
散热器内外丝	DN32×$\begin{cases}15\\20\\25\end{cases}$	个	2
散热器丝堵	DN32	个	2
散热器垫圈	DN32	个	$2(n+1)$

2)散热器组对前应检查其有无裂纹、蜂窝、砂眼,连接内螺纹是否良好,内部是否干净。然后除锈,清刷对口。将检查合格的散热器片刷一道防锈漆,按正扣一面朝上排列堆放备用。

3)组对时,摆好第一片,将正扣向上,先将对丝拧入1~2扣,放上垫圈,用第二片的反扣对第一片,用对丝钥匙插入丝孔内,将钥匙卡住,先逆时针慢慢退出对丝,再顺时针拧对丝,待上下两个对丝全入扣时,上下同时并进,缓慢用力拧紧对丝口,直至衬垫挤出油。如此一片连一片操作到设计所需的一组散热器片数。

4)四柱散热器组两端必须配有带柱足的散热器片,超过15片时,中间再加一足片。

5)片式散热器组对数量一般不宜超过下列数值:

细柱型	25 片
M-132 型	20 片
长翼型(大 60)	6 片
其他每组长度	1.6 m

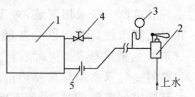

图 4-36　散热器水压试验装置
1—散热器;2—手压泵;3—压力表;
4—排气阀;5—活接头

散热器组对后,必须逐组进行水压试验,合格后才能安装。散热器的水压试验连接,如图4-36所示。试验压力应符合表 4-21 的规定,试验时间应为 2~3 分钟,以不渗不漏为合格。将试验合格的散热器喷刷防锈漆一道,运至现场待安装。

表 4-21　　　　　　　　　　散热器的试验压力　　　　　　　　　(单位:MPa)

散热器型号	铸铁型		扁管型		板式	串片式	
工作压力	≤0.25	>0.25	≤0.25	>0.25	—	≤0.25	>0.25
试验压力	0.4	0.6	0.6	0.8	0.75	0.4	1.4

(2)散热器安装。

1)柱式散热器安装。按设计图纸所标明的规格片数,将各房间散热器的托钩、托架及卡子找准位置,安装牢固。

①散热器一般安装在外窗台下,散热器安装应在墙灰抹好并栽好散热器托钩和卡件以后进行,铸铁片散热器安装及卡子、托钩位置如图4-37和图4-38所示。

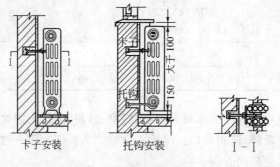

卡子安装　　　　　　托钩安装　　　　　　I-I

图 4-37　散热器安装(单位:mm)

②为减少栽托钩的工程量,可以选用一种带扣的托钩。图4-38所示是一种带扣膨胀式托钩,膨胀螺栓的规格为 M12 mm×75 mm。墙体钻孔使用冲击式电锤,钻头直径应与膨胀螺栓大小配套,采用 $\phi16$ 或 $\phi16.5$ 的钻头。

图 4-38　铸铁片散热器卡子、托钩位置

图 4-39　暖气片托钩

1—托钩;2—挡圈;3—开口套管;4—螺栓

③如果要在阳台、厨房间安装散热器,与散热器连接的水平支管的固定就比较困难,因为阳台和厨房的窗下墙一般是用厚度为 60 mm 的预制钢筋混凝土栏板焊接成的,托钩或托卡不易锚固好。此时,可用图4-40所示的托架来支托水平支管,达到固定的目的。

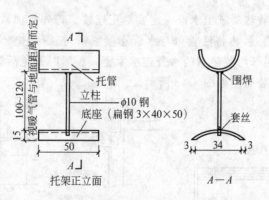

图 4-40　暖气管托架(单位:mm)

④散热器安装应正面水平,侧面垂直,安装时的允许偏差应符合表4-22的规定;中心与墙表面间距离应符合表4-23规定。

表 4-22　　　　　　　　　　散热器安装允许偏差　　　　　　　　　　(单位:mm)

项目	允许偏差	检验方法
散热器背面与墙内表面距离	3	尺量
窗中心线或设计定位尺寸	20	尺量
散热器垂直度	3	吊线和尺量

表 4-23	散热器离墙的距离					（单位：mm）	
散热器型号	60	$M-\dfrac{132}{150}$	四柱	圆翼	扁管、板式（外沿）	串片	
						平放	竖直
中心距墙表面距墙	115	115	130	115	30	内表面距离表面 30 mm 左右	

⑤散热器安装时正螺纹方向应置于进水方向。散热器安装完以后，再安装连接散热器的支管，使散热器与管道形成一个整体，如图 4-41 所示，为热水采暖同侧连接的两组散热器。支管连接时，应注意朝水流方向有 1% 的坡度。

2) 铜（钢）铝复合散热器安装。有热塑膜包装的散热器在安装时不要揭下，待使用时再揭下热的塑膜，以免损伤散热器。安装时，散热器底部距地面 100～150 mm，用固定架固定，每台四个，上二下二。

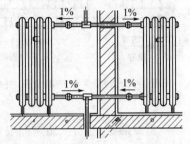

图 4-41　散热器与支管的连接

进出水管与散热器进出水口一定要对正连接。首先将锁紧螺母套入进出水管，螺口朝向散热器，再将活管口与水管连接紧密，把密封垫套在活管口的止口内，最后将锁紧螺母与散热器的水管连接紧密。锁紧时避免活管口转动，以免密封垫搓动。其安装简图如图 4-42 所示。

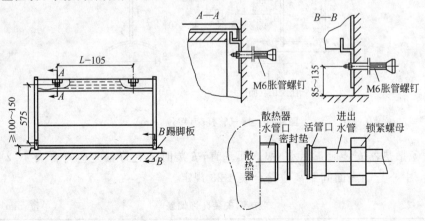

图 4-42　TLD 型散热器安装简图（单位：mm）

三、低温热水地板辐射采暖系统安装

低温热水地板辐射采暖是一种舒适、节能的采暖方式，地板辐射采暖系统的结构如图 4-43、图 4-44 所示。

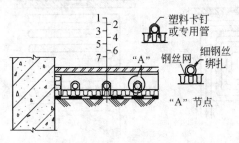

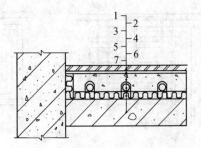

图 4-43　地面层辐射采暖地板的构成

1—地面层；2—找平层；3—填充层；4—加热管；
5—热绝缘层；6—防潮层；7—土壤（楼板）

图 4-44　楼层辐射采暖地板的构成

1—地面层；2—找平层；3—填充层；4—加热管；
5—热绝缘层；6—防潮层；7—土壤（楼板）

地板辐射采暖系统供水温度宜不大于 60℃，供回水温差宜不大于 10℃，系统工作压力不宜大于 0.8 MPa。地板辐射加热管可选择采用铝塑（交联聚乙烯）复合（PEX-AL-PEX）管、交联聚乙烯（PEX）管、聚丁烯（PB）管或无规共聚聚丙烯（PP-R）管等。

加热管的管径和壁厚应符合设计要求，加热管的材质符合国家相关标准要求。

1. 楼地面基层清理

凡采用地板辐射采暖的工程在楼地面施工时，必须严格控制表面的平整度，仔细压抹，其平整度允许误差应符合混凝土或砂浆地面要求。在保温板铺设前应清除楼地面上的垃圾、浮灰、附着物，特别是油漆、涂料、油污等有机物必须清除干净。

2. 绝热板材铺设

（1）房间周围边墙、柱的交接处应设绝热板保温带，其高度要高于细石混凝土回填层。

（2）绝热板应清洁、无破损，在楼地面铺设平整、搭接严密。绝热板拼接紧凑，间隙为 10 mm，错缝铺设，板接缝处全部用胶带黏接，胶带宽度 40 mm。

（3）房间面积过大时，以 6000 mm×6000 mm 为方格留伸缩缝，缝宽 10 mm。伸缩缝处，用厚度 10 mm 绝热板立放，高度与细石混凝土层平齐。

3. 绝热板材加固层的施工（以低碳钢丝网为例）

（1）钢丝网规格为方格不大于 200 mm，在采暖房间满布，拼接处应绑扎连接。

（2）钢丝网在伸缩缝处不能断开，铺设应平整，无锐刺及跷起的边角。

4. 加热盘管敷设

（1）加热盘管的布置形式，如图 4-45～图 4-50 所示。

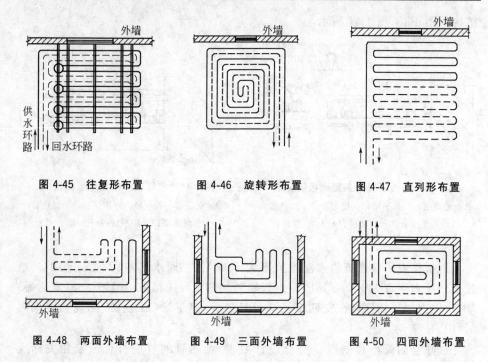

图 4-45　往复形布置　　　图 4-46　旋转形布置　　　图 4-47　直列形布置

图 4-48　两面外墙布置　　　图 4-49　三面外墙布置　　　图 4-50　四面外墙布置

（2）加热盘管在钢丝网上面敷设，管长应根据工程上各回路长度酌情定尺，一个回路尽可能用一盘整管，应最大限度地减小材料损耗。填充层内不许有接头。

（3）按设计图纸要求，事先将管的轴线位置用墨线弹在绝热板上，抄标高、设置管卡，按管的弯曲半径不小于 $10D$（D 指管外径）计算管的下料长度，其尺寸偏差控制在 $\pm5\%$ 以内。必须用专用剪刀切割，管口应垂直于断面处的管轴线。严禁用电焊、气焊、手工锯等工具分割加热管。

（4）按测出的轴线及标高垫好管卡，用尼龙扎带将加热管绑扎在绝热板加强层钢丝网上，或者用固定管卡将加热管直接固定在敷有复合面层的绝热板上。同一通路的加热管应保持水平，确保管顶平整度为 ±5 mm。

（5）加热管固定点的间距，弯头处间距不大于 300 mm，直线段间距不大于600 mm。

（6）在过门、过伸缩缝、过沉降缝时，应加装套管，套管长度不小于 150 mm。套管比盘管大两号，内填保温边角余料。

5. 分、集水器安装就位

（1）分、集水器安装（图 4-51）可在加热管敷设前安装，也可在敷设管道回填细石混凝土后与阀门、水表一起安装。安装必须平直、牢固，在细石混凝土回填前安装须做水压试验。

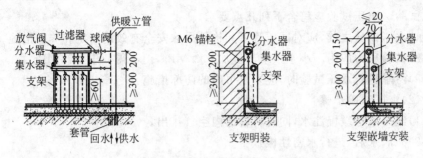

图 4-51 分、集水器安装(单位:mm)

(2)当水平安装时,一般宜将分水器安装在上,集水器安装在下,中心距宜为200 mm,且集水器中心距地面不小于 300 mm。

(3)当垂直安装时,分、集水器下端距地面应不小于 150 mm。

(4)加热管始末端出地面至连接配件的管段,应设置在硬质套管内。加热管与分、集水器分路阀门的连接,应采用专用卡套式连接件或插接式连接件。

6.细石混凝土层回填施工

(1)在加热管系统试压合格后方能进行细石混凝土层回填施工。细石混凝土层施工应遵循土建工程施工规定,优化配合比设计,选出强度符合要求、施工性能良好、体积收缩稳定性好的配合比。建议强度等级应不小于 C15,卵石粒径宜不大于 12 mm,并宜掺入适量防止龟裂的添加剂。

(2)浇筑细石混凝土前,必须将敷设完管道后的工作面上的杂物、灰渣清除干净(宜用小型空压机清理)。在过门、过沉降缝处、过分格缝部位宜嵌双玻璃条分格(玻璃条用 3 mm 玻璃裁划,比细石混凝土面低 1~2 mm),其安装方法同水磨石嵌条。

(3)细石混凝土在盘管加压(工作压力或试验压力不小于0.4 MPa)状态下浇筑,回填层凝固后方可泄压,填充时应轻轻捣固,浇筑时不得在盘管上行走、踩踏,不得有尖锐物件损伤盘管和保温层,要防止盘管上浮,应小心下料、拍实、找平。

(4)细石混凝土接近初凝时,应在表面进行二次拍实、压抹,以防止顺管轴线出现塑性沉缩裂缝。表面压抹后应保湿养护 14 天以上。

7.中间验收

地板辐射采暖系统,应根据工程施工特点进行中间验收。中间验收过程,从加热管道敷设和热媒分、集水器装置安装完毕进行试压起至混凝土填充层养护期满再次进行试压止,由施工单位会同监理单位进行。

8.水压试验

(1)浇捣混凝土填充层之前和混凝土填充层养护期满之后,应分别进行系统水压试验。水压试验应符合下列几点要求。

1)水压试验之前,应对试压管道和构件采取安全有效地固定和养护措施。

2)试验压力应为不小于系统静压加 0.3 MPa,但不得低于 0.6 MPa。

3)冬季进行水压试验时,应采取可靠的防冻措施。

(2)水压试验步骤。

1)经分水器缓慢注水,同时将管道内空气排出。

2)充满水后,进行水密性检查。

3)采用手动泵缓慢升压,升压时间不得少于 15 分钟。

4)升压至规定试验压力后,停止加压 1 小时,观察有无漏水现象。

5)稳压 1 小时后,补压至规定试验压力值,15 分钟内的压力降不超过 0.05 MPa、无渗漏为合格。

9.调试

(1)系统调试条件。供回水管全部水压试验完毕符合标准;管道上的阀门、过滤器、水表经检查确认安装的方向和位置均正确,阀门启闭灵活;水泵进出口压力表、温度计安装完毕。

(2)系统调试。热源引进到机房通过恒温罐及采暖水泵向系统管网供水。调试阶段系统供热温度起始温度为常温 25～30℃ 范围内运行 24 小时,然后缓慢逐步提升,每 24 小时提升不超过 5℃,在 38℃恒定一段时间,随着室外温度不断降低再逐步升温,直至达到设计水温,并调节每一通路水温达到正常范围。

10.竣工验收

符合以下规定,方可通过竣工验收。

(1)竣工质量符合设计要求和施工验收规范的有关规定。

(2)填充层表面不应有明显裂缝。

(3)管道和构件无渗漏。

(4)阀门开启灵活、关闭严密。

四、采暖系统主要辅助设备安装

为了保证采暖系统的正常运行,调节维修方便,必须设置一些附属设备,如集气罐、膨胀水箱、阀门、除污器、疏水器等。其中阀门、疏水器等器具的安装另述,下面主要介绍集气罐、膨胀水箱、除污器等的安装。

1.集气罐

集气罐有两种,一种是自动排气阀,靠阀体内的启闭机构达到自动排气的作用。常用的几种如图 4-52 所示,安装时应在自动排气阀和管路接点之间装个阀门,以便维修更换。另一种是用 4.5 mm 的钢板卷成或用管径 100～250 mm 钢管焊成的集气罐,如图 4-53 所示,在放气管的末端装有阀门,其位置要便于使用。

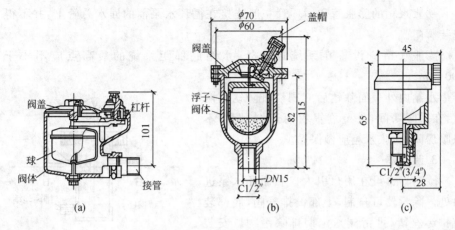

图 4-52　自动排气阀（单位：mm）

(a)P21T-4 型立式自动排气阀；(b)PQ-R-S 型自动排气阀；(c)ZF88-1 型立式自动排气阀

2.膨胀水箱

膨胀水箱的作用是容纳热水采暖系统中水受热膨胀而增加的体积。膨胀水箱和系统的连接点，在循环水泵无论运行与否时都处于不变的静水压力下，该点称为供暖系统的恒压点。恒压点对系统安全运行起着很重要的作用。

膨胀水箱有方形和圆形两种。膨胀水箱上有 5 根管，即膨胀管、循环管、

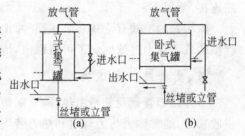

图 4-53　集气罐

(a)立式；(b)卧式

溢流管、信号管（检查管）及泄水管（排水管），如图 4-54 所示。施工安装时，各管子的规格按设计要求施工，设计无规定时，可参照表 4-24 施工。

表 4-24　接管管径尺寸表　（单位：mm）

编号	名称	型号	
		1～8 号	9～12 号
4	信号管	DN20	DN20
5	溢流管	DN50	DN70
6	排水管	DN32	DN32
7	循环管	DN20	DN25
8	膨胀管	DN40	DN50

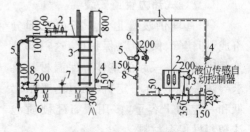

图 4-54　方形膨胀水箱

1—箱体；2—入孔；3—外人梯；4—信号管；

5—溢流管；6—排水管；7—循环管；8—膨胀管

膨胀水箱的膨胀管和循环管一般连接在循环水泵前的回水总管上,并不得安装阀门。

膨胀水箱应设置在系统最高处,水箱底部距系统的最高点应不小于600 mm。

水箱内外表面除锈后应刷红丹防锈漆两道,在采暖房间,外壁刷银粉两道,若设在不采暖房间,膨胀水箱应做保温。

3.除污器

除污器常设在用户引入口和循环水泵进口处。除污器可自制,上部设排气阀,底部装有排污丝堵(排污阀),定期排除污物。安装时要注意方向,并设旁通管,在除污器及旁通管上,都应装截止阀,除污器一般用法兰与管路连接,如图 4-55 所示。

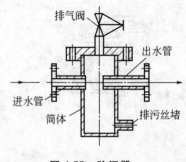

图 4-55　除污器

除污器的型式有立式和卧式两种,由筒体、过滤网、排气管及阀门、排污管或丝堵构成。其中过滤网脏了可以取出,清洗后再用。

五、室外热力管道安装

室外热力管道通常指由热源点(锅炉房或热力站)至各建筑物引入口之间的供暖管道,通常称为热力管道和热力管网。

室外热力管道管材多采用螺纹焊缝钢管、焊缝钢管和无缝钢管,其接口多为焊接。

室外热力管道的敷设方法有直埋(无沟敷设)、管沟敷设和架空敷设三种方式,各有其特点,但又有其共同规律。

1.直埋式热力管道安装

(1)直埋供暖管道。一般由三部分组成,即钢管、保温层、保护层,这三部分是紧密地黏在一起的整体。保温材料要求导热系数小,有一定机械强度,吸水率低和一定的干容重,多用聚氨酯硬质泡沫塑料做保温材料。

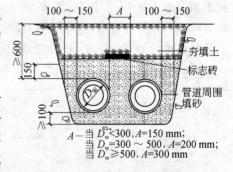

A——当 $D_w<300$,$A=150$ mm;
当 $D_w=300\sim500$,$A=200$ mm;
当 $D_w>500$,$A=300$ mm

图 4-56　直埋供暖管道埋设要求示意图(单位:mm)

(2)直埋管的敷设。可按图 4-56 所示回填,使管身落在均匀基层。

2.管沟内敷设热力管道

(1)管沟内敷设热力管道的施工过程有许多工序与直埋法及室内采暖管道

安装类似。

（2）管沟内敷设可分为通行地沟敷设、半通行地沟敷设和不通行地沟敷设三种。

（3）地沟应能保护管道不受外力作用和水的侵袭，保护管道的保温结构允许管道自由伸缩。地沟盖板覆土深度不宜小于 0.2 m，盖板应有 1%～2% 的横向坡度，地沟底部宜设不小于 0.2% 的纵向坡度。

3. 架空管道安装

（1）室外采暖管道架空敷设，就是将管道架设在地面的支架上或敷设在墙壁的支架上。

（2）架空敷设的支架按其制作材料可分为砖砌支架、钢筋混凝土支架、钢支架等，一般用钢筋混凝土支架较多。

（3）架空敷设多用于工厂区内，其特点是管路露于室外。

（4）按照支架的高低可分为低支架、中支架和高支架 3 种型式。

（5）管道安装前，要对支架的稳固性、标高以及在地面上的坐标位置进行检查，严格保证管路的设计坡度，决不允许由于支架的施工安装错误而出现倒坡。

4. 室外采暖管道安装

（1）室外采暖管道应设坡度，目的在于排水、放气和排凝结水。在管段的相对低位点设泄水阀，在管段的相对高位点设放气阀，如图 4-57 所示。蒸汽管进行水压试验的临时放气孔，在试压完毕后焊死。

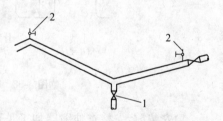

图 4-57　放气和泄水装置
1—泄水阀；2—放气阀

热水管道、凝结水管道、汽水同向流动的蒸汽管道应有 0.2%～0.3% 的坡度，汽水逆向流动的蒸汽管道至少有 0.5% 的坡度，靠重力回水的凝结水管道应有 0.5% 的坡度。

（2）在管道安装施工中，一般遵循下列原则：小口径管道让大口径管道、无压管道让有压管道、低压管道让高压管道。

（3）热水管道一般把供水管敷设在其前进方向的右侧，回水管设在左侧；蒸汽管敷设在其前进方向的右侧，凝结水管设在左侧。

（4）水平管道的变径宜采用偏心异径管（偏心大小头）。对蒸汽管道大小头的下侧取平，以利排水；对热水管道，大小头的上侧应取平，以利排气。

（5）蒸汽支管从主管上接出时，支管应从主管的上方或两侧接出，以免凝结水流入支管。

（6）在采暖管道上的适当位置应设置阀门、检查井与检查平台，以便于维修管理。

(7)采暖管道安装完毕后,必须进行强度和严密性试验,合格后,进行保温处理。

5.伸缩器安装

为减少并释放管道受热膨胀时所产生的应力,需在管路上每隔一定的距离设置一个热膨胀的补偿装置,这样就使管子有伸缩余地而减少热应力。管道的补偿器可分为自然补偿器和专用补偿器两大类。自然补偿器常见的有 L 形和 Z 形弯管。

在管道施工中,首先应考虑利用管弯曲的自然补偿,当管内介质温度不超过80℃时,如管线不长且支吊架配置正确,那么管道长度的热变化可以其自身的弹性予以补偿,这是自行补偿的最好办法。专用补偿器有方形补偿器、套筒补偿器、波形补偿器等。

(1)方形补偿器:方形补偿器又称 U 形补偿器,也叫方胀力,广泛用于碳钢、不锈钢、有色金属和塑料管道,适应于各种压力和温度。方形补偿器由四个 90° 弯管组成,其常用的四种类型,如图 4-58 所示,其安装要点有以下几点。

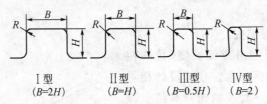

Ⅰ型	Ⅱ型	Ⅲ型	Ⅳ型
(B=2H)	(B=H)	(B=0.5H)	(B=2)

图 4-58　方形补偿器类型

1)安装前,先检查伸缩器加工是否符合设计尺寸,伸缩器的三个臂是否在一个水平面,用水平尺检查、调整支架,使伸缩器位置、标高、坡度符合设计要求。

2)安装时,应将伸缩器预拉伸,预拉伸量为热伸长量的 1/2,拉伸方法可用拉管器或用千斤顶撑开伸缩器两臂。

3)预拉伸的焊口,应选在距伸缩器弯曲起点 2~2.5 m 处为宜,不得过于靠近伸缩器,冷拉前应检查冷拉焊口间隙是否符合冷拉值。

4)水平安装时应与管道坡向一致;垂直安装时,高点设排气阀,低点设泄水阀。

5)弯制方形伸缩器,应用整根管弯制而成,如需设接口,其接口应设在直臂中间。

6)补偿器两侧的第一个支架宜设在距补偿器弯头的弯曲起点 0.5~1 m 处,支架应为活动支架。

安装补偿器应当在两个固定支架之间的其他管道安装完毕时进行。

(2)波形补偿器:波形补偿器是一种新型伸缩器,靠波形管壁的弹性变形来吸收热胀或冷缩达到补偿目的,如图4-59所示。波形补偿器多用于工作压力不超过 0.7 MPa、温度为 $-30 \sim 450℃$、公称通径大于 100 mm 的管道上。

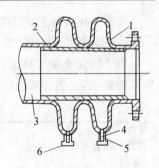

波形补偿器按波节结构可分为带套筒和不带套筒两种形式，因此，安装时要注意方向。伸缩节内的衬套与管外壳焊接的一端，应朝向坡度的上方，以防冷凝水大量流到波形皱褶的凹槽里。安装前先了解出厂时是否已做预拉伸，若未做应在现场做预拉伸。安装时，应设临时固定，待管道安装固定后再拆除。吊装波形补偿器要注意不能把吊索绑在波节上，水平安装时，应在每个波节的下方边缘安装放水阀。

图 4-59　波形补偿器

1—波形节；2—套筒；3—管子；4—疏水管；5—垫片；6—螺母

在管道进行水压试验时，要将波形补偿器夹牢，不让其有拉长的可能，试压时不得超压。

(3)套管式补偿器：套管式补偿器又名填料式补偿器，有铸铁和钢质两种，常用的套管式补偿器的补偿量为 $150 \sim 300$ mm。

铸铁套管式补偿器用法兰与管道连接，只能用于公称压力不超过 1.3 MPa、公称通径不超过 300 mm 的管道。钢质套管式补偿器有单向和双向两种形式，如图4-60所示，它是由外套管、导管、压盖和填料组成。工作时，由导管和套管之间产生相对滑动来达到补偿管道热胀冷缩的目的。钢质套管式补偿器可用于工作压力不超过1.6 MPa的蒸汽管道和其他管道。

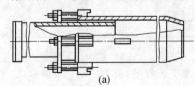
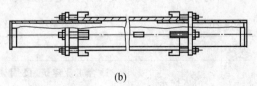

(a)　　　　　　　　　　　　　(b)

图 4-60　钢质填料式补偿器

(a)单向填料式补偿器；(b)双向填料式补偿器

套管式补偿器安装要点：

1)安装前，先将伸缩器的填料压盖松开，将内套管(导管)拉出预拉伸的长度，然后再将填料压盖拧紧；

2)安装管道时，应预留出伸缩器长度，并在管道端口处焊接法兰盘，其法兰相互匹配，接触面相互平行垂直；

3)伸缩器的填料，应采用涂有石墨粉的石棉绳或浸过机油的石棉绳；压盖松紧程度在试运行时进行调整，使用中经常更换填料，以保证封口严密；

4)伸缩器安装位置，应遵照产品说明书设置，若无规定，一般将套管一端与固定支架管端连接，导管和另一端管道连接。

套管式补偿器主要用在安装方形补偿器有困难的地方,对于不能随时停产检修的管路不能使用。直线管路较长,须设置多个补偿器时,最好采用双向补偿器。

两个固定支架之间必须要有一个补偿器,固定支架的设置不得超过其最大间距的要求,见表4-25。

表 4-25　　　　　　　　固定支座(支架)最大间距表　　　　　　　　(单位:mm)

补偿器类型	敷设方式	公称直径 DN												
		25	32	40	50	65	80	100	125	150	200	250	300	350	400
方形补偿器	地沟与架空敷设	30	35	45	50	55	60	65	70	80	90	100	115	130	145
	直埋敷设			45	50	55	60	65	70	70	90	90	110	110	110
套管型补偿器	地沟与架空敷设								50	55	60	70	80	90	100
	直埋敷设								30	35	50	60	65	65	70

第八节　消防系统管道安装

一、消防水灭火系统

消防水灭火系统分类及适用范围见表4-26。

表 4-26　　　　　　　　水灭火系统分类及适用范围

类型	灭火系统	适用范围
水灭火系统	消火栓系统	适合工业建筑、民用建筑、地下工程等,应用广泛。按国家规范、标准要求进行设置
	自动喷水灭火系统	在一些功能齐全、火灾危险大、高度较高、标准高的民用建筑,以及一些火灾危险性大的工业建筑、库房内设置,国家有强制性标准要求,必须保证施工质量
	水喷雾灭火系统	用于扑救固体火灾,闪点高于60℃的液体火灾和电气火灾,以及可燃气体和甲、乙、丙类液体的生产、储存装置或装卸设施的防护冷却,如液化石油气储罐站等
	水幕系统	建筑物采用水幕分隔,如防火间距过小处或舞台常用,与自动喷水系统一样,要求施工质量高
	蒸汽灭火系统	用于企业有蒸汽源的燃油锅炉房、油泵房、重油储罐区,火灾危险性较大的石油化工露天生产装置等场合

二、消防系统安装

1.消防管道安装

(1)供水干管若设在地下时,应检查挖好的地沟或砌好的管沟须满足施工安装的要求。

(2)按不同管径的规定,设置好需用的支座或支架,依设计埋深和坡度要求,确定各点支座(架)的安装标高。

(3)由供水管入口处起,自前而后逐段安装,并留出各立管的接头。

(4)管子在隐蔽前应先做好试压,再进行防腐与隔热施工。

(5)对干管设在顶层吊顶内时,施工顺序与前述相同,只是安装时由上而下逐层进行。

(6)各分支立管安装是由下而上或由上而下逐层进行,并按设计要求的位置与标高,留出各层水平支管的接头。

(7)各层消防设施与各层水平支管连接。

(8)各层消防管道施工安装后,应按设计要求或施工验收规范的规定,进行水压试验和气密性试验,并填写试验记录,存入工程技术档案。

2.消防设施安装

(1)室内消火栓。室内消火栓有明装、暗装、半暗装三种,明装消火栓是将消火栓箱设在墙面上,暗装或半暗装是将消火栓箱置于预留的墙洞内。

1)先将消火栓箱按设计要求的标高,固定在墙面上或墙洞内,要求横平竖直固定牢靠,对暗装的消火栓,应将消火栓箱门预留在装饰墙面的外部。

2)对单出口的消火栓、水平支管,应从箱的端部经箱底由下而上引入,消火栓中心距地面 1.1 m,栓口朝外与墙成 90°角(乙型)或出水方向向下(甲型)。

3)对双出口消火栓,有甲、乙、丙型三种安装方式,其安装尺寸按设计或标准规定进行。

4)将按设计长度截好的水龙带与水枪、水龙带接扣组装好,并将其整齐地折挂或盘卷在消火栓箱的挂架上。

5)消防卷盘包括小口径室内消火栓(DN25 或 DN32)、输水胶卷、小口径开关水枪和转盘整套消防卷盘可单独放置,一般与普通消火栓组合成套配置。

(2)消防水泵接合器。消防水泵接合器与室内、外消火栓的安装工艺基本相同,简述如下几点。

1)开箱检查水泵接合器、室外消火栓的各处开关是否灵活、严密、吻合,所配附属设备配件是否齐全。

2)室外地下消火栓、地下接合器应砌筑消火栓和接合器井,地上消火栓和接合器应砌筑闸门井。在路面上,井盖上表面同路面相平,允许±5 mm 偏差,无正规路面时,井盖高出室外设计标高 50 mm,并应在井口周围以 2‰的坡度向外做护坡。

3)消火栓、接合器与主管连接的三通或弯头均应先稳固在混凝土支墩上,管下皮距井底不应小于 0.2 m,消火栓顶部距井盖底面,不应大于 0.4 m,若超过 0.4 m应加设短管。

4)按标准图要求,进行法兰阀、双法兰短管及水龙带接口安装,接出直管高于 1 m 时,应加固定卡子一道,井盖上应铸有明显的"消火栓"和"接合器"字样。

5)室外地上消火栓和接合器安装,接口(栓口)中心距地高为 700 mm,安装时应先将接合器和消火栓下部的弯头安装在混凝土支墩上,安装应牢固。对墙壁式消火栓和接合器,如设计未要求,进出口栓口的中心安装高度距地面应为 1.10 m,其上方应设有防坠落物打击的措施。

6)安装开、闭阀门,两者距离不应超过 2.5 m。

7)地下式安装若设阀门井,须将消火栓、接合器自身放水口堵死,在井内另设放水门,且阀门井盖上标有消火栓、接合器字样。

8)水泵接合器的安全阀、止回阀安装位置和方向应正确、阀门启闭应灵活。

9)各零部件连接及与地下管道连接均应严密,以防漏水、渗水。管道穿过井壁处,应严密不漏水。

10)安装完后,应按设计要求或质量验收规范规定进行试压。

11)在码头、油田、仓库等场所安装室外地下消火栓时,除应有明显标志外,还应考虑在其附近配有专用开井、开枪等工具,消火栓连接器和消防水带等器材的室外消火栓箱,以便使用。

三、自动喷水系统安装

1. 管网安装

自动喷水系统管道安装工艺同消火栓管道,此外,施工中还应满足下列几点要求。

(1)管道安装位置应符合设计要求,若设计无要求时,管道中心线与梁、柱、楼板等的最小距离应符合表 4-27 规定。

表 4-27　　　　　　管道中心线与梁、柱、楼板最小距离

公称直径/mm	25	32	40	50	65	80	100	125	150	200
距离/mm	40	40	50	60	70	80	100	125	150	200

(2)管道支架、吊架、防晃支架的安装应符合以下要求:

1)支、吊架距离应不大于表 4-28 的规定；

表 4-28　　　　　　　　　　管道支、吊架间距

公称直径/mm	25	32	40	50	65	80	100	125	150	200	250	300
距离/m	3.5	4.0	4.5	5.0	6.0	8.0	8.5	7.0	8.0	9.5	11.0	12.0

2)支、吊架、防晃支架的形式、材质、加工尺寸及焊接质量等符合设计要求和国家现行有关标准的规定；

3)支、吊架的位置不应妨碍喷头的喷水效果，且与喷头的间距不宜小于 300 mm，与末端喷头之间距离不宜大于 750 mm；

4)配水支管上每一直管段、相邻两喷头间的管段上设置吊架均不宜少于一个，若两喷头相距小于 1.8 m 时，可隔段设吊架，但吊架间距不宜大于 3.6 m；

5)公称直径等于或大于 50 mm 时，每段配水干管或配水管设防晃支架不应小于一个，当管道改变方向时，应增设防晃支架；

6)竖直安装的配水干管应在其始端和终端设防晃支架或采用管卡固定，安装位置距地面或楼面的距离宜为 1.5~1.8 m。

(3)管道变径宜用异径接头，弯头处不得采用补芯，当采用补芯时，三通上可用 1 个，四通上不应超过两个。公称直径大于 50 mm 的管道上不宜用活接头。

(4)管道穿变形缝时，应设柔性短管。穿过墙体或楼板时应加设套管，套管不得小于墙厚，或应高出楼面或地面 50 mm；管道焊接环缝不得在套管内，套管与管道间隙应采用不燃烧材料填塞密实。

(5)管道横向安装宜设 2‰~5‰ 的坡度，且应坡向排水管。

2. 喷头安装

(1)喷头安装应在系统试压、冲洗合格后进行，并宜采用专用的弯头和三通，安装时，不得对喷头进行拆装、改动，并严禁给喷头附加任何装饰性涂层，应使用专用扳手安装，严禁利用喷头的框架施拧。

(2)喷头框架、溅水盘产生变形或释放原件损伤时，应采用规格型号相同的喷头更换；当喷头公称直径小于 10 mm 时，应在配水干管或支管上加设过滤器；安装在易受机械损伤处的喷头应设防护罩；喷头溅水盘与吊顶、门、窗、洞口或墙面的距离应符合设计要求，当溅水盘高于附近梁底或高于宽度小于 1.2 m 的通风管道腹面时，溅水盘高于梁底、通风管腹面的最大垂直距离应符合表 4-29 规定。

表 4-29 喷头安装最大垂直距离

喷头与梁、通风管道的水平距离/mm	喷头溅水盘高于梁底、通风管道腹面的最大垂直距离/mm
300～600	25
600～750	75
750～900	75
900～1050	100
1050～1200	150
1200～1350	180
1350～1500	230
1500～1680	280
1680～1830	360

(3)若通风管宽大于 1.2 m 时,喷头应安装在其腹面以下部位,喷头安装在不到顶的隔断附近时,喷头与隔断的水平距离和最小垂直距离应符合表 4-30 规定。

表 4-30 喷头与隔断的水平距离和最小垂直距离

水平距离/mm	150	225	300	375	450	600	750	＞900
最小垂直距离/mm	75	100	150	200	236	313	336	450

3. 报警阀组安装

(1)应先安装水源控制阀、报警阀,然后再进行报警阀辅助管道的安装。水源控制阀、报警阀与配水干管的连接,应使水流方向一致。报警阀组安装的位置应符合设计要求;当设计无要求时,报警阀组应安装在便于操作的明显位置,距室内地面高度宜为 1.2 m;两侧与墙的距离不应小于 0.5 m;正面与墙的距离不应小于 1.2 m。安装报警阀组的室内地面应有排水设施。

(2)报警阀组附件的安装应符合下列要求:

1)压力表应安装在报警阀上便于观测的位置;

2)排水管和试验阀应安装在便于操作的位置;

3)水源控制阀安装应便于操作,且应有明显开闭标志和可靠的锁定设施。

(3)湿式报警阀组安装应符合下列要求:

1)应使报警阀前后的管道中能顺利充满水,压力波动时水力警铃不应发生误报警;

2)报警水流通路上的过滤器应安装在延迟器前,而且是便于排渣操作的位置。

(4)干式报警阀组的安装应符合下列要求：

1)应装于不发生冰冻的场所；安装完后应向报警阀气室注入高度为 50～100 mm 的清水；

2)充气连接管接口应在报警阀气室充注水位以上部位，且连接管直径不小于 15 mm，并装止回阀和截止阀；

3)安全排气阀安在气源与报警阀之间，且靠近报警阀；

4)加速排气装置装在靠近报警阀处，并有防水进入加速排气装置的措施；

5)低气压预报警装置装在配水干管一侧；压力表应安装于报警阀充水侧、充气侧、空气压缩机气泵、储气罐和加速排气装置上。

(5)雨淋阀组安装应符合下列要求：

1)电动开启、传导管开启或手动开启的雨淋阀组，其传导管安装应按湿式系统有关要求进行；开启控制装置的安装应安全可靠。

2)预作用系统雨淋阀组后的管道若要充气，其安装要求按干式报警阀组有关要求进行。

3)雨淋阀组的观测仪表和操作阀门安装位置应符合设计要求，并应便于观测和操作。

4)手动开启装置的位置应符合设计要求，并在发生火灾时能安全开启和便于操作。

5)压力表应装于雨淋阀的水源一侧。

4. 其他组件安装

(1)水力警铃应装在公共通道或值班室附近的外墙上，并装有检修、测试用阀门，与报警阀的连接用镀锌钢管，若直径为 15 mm 时，长度不大于 6 m；若直径为 20 mm 时，长度不大于 20 m，安装后的水力警铃启动压力不小于0.05 MPa。

(2)安装水流指示器应满足下列要求：应在管道试压和冲洗合格后安装，其规格、型号应符合设计要求；应竖直安装在水平管道上侧，动作方向应与水流方向一致，安装后其桨片、膜片应动作灵活，且不与管壁碰擦。

(3)信号阀应装在指示器前的管道上，与指示器相距在 300 mm 以上。

(4)排气阀在管网试压和冲洗合格后安装，位于配水干管顶部、配水管的末端，并确保无渗漏。

(5)控制阀规格、型号和所装位置应符合设计要求，且方向正确，阀内清洁、无堵塞、无渗漏；主控阀应加设启闭标志；隐蔽处的控制阀应在明处设有指示其位置的标志。

(6)节流装置应设在直径在 50 mm 以上水平管上；减压孔板应装在管内水流转弯处下游侧的直管上，且与转弯处的距离不小于管径的 2 倍。

(7)压力开关要竖直装在通往水力警铃的管路上，且在安装过程中不应拆装改动。

(8)末端试水装置宜装在系统管网末端或分区管网末端。

第五章 管道试验、吹洗及防腐

第一节 管道水压试验

一、一般要求

(1)水压试验分为强度试验和严密性试验。强度试验是检查管道的机械强度,严密性试验是检查管道连接的严密性。

(2)水压试验前应当做好准备工作和检查工作。准备工作包括试压方案、检漏方法的确定及相应的试压机具、材料等的准备。检查工作包括施工技术资料是否齐全,管道的走向、坡度、各类支架、补偿器、法兰螺栓、焊缝的热处理、应设的盲板、压力计等项工作是否达到要求。

(3)管道试压前,管道接口处不应进行防腐及保温,埋地敷设的管道,一般不应覆土,以便试压时检查。

(4)试压前应将不应参与试验的设备、仪表、阀件等临时拆除。管道系统中所有开口应封闭,系统内阀门应开启。水压试验时,系统最高点装放气阀,最低点设排水阀。充水应从系统底部进行。试压时,应用精度等级为 1.5 级的压力表 2 只,表的满刻度为最大被测压力的 1.5~2 倍。试验时应缓慢升压至试验压力,然后检查管道各部位的情况,如发现泄漏,应泄压后进行修理,不得带压修理。泄漏或其他缺陷消除后重新试验。

(5)管道系统的压力试验一般以水为试验介质。试压用水应当清洁,对奥氏体不锈钢管道和容器进行试验时,水中氯离子含量不得超过 25×10^{-6}。当管道的设计压力小于或等于0.6 MPa 时,也可采用气体为试验介质,但应采取有效的安全措施。脆性材料严禁使用气体进行压力试验。

(6)根据《工业金属管道工程施工及验收规范》(GB 50235—1997)的有关规定,工业金属管道的水压试验如设计无规定时,可按表5-1规定进行。

表 5-1 　　　　　　　　　工业金属管道的水压试验压力 　　　　　　　　(单位:MPa)

管道类别	设计压力 P	试验压力
承受外压力的管道	内压 P_N,外压 P_w	$2(P_N - P_w)$,且不小于 0.2
地上钢管及 有色金属管道	—	$1.5P$

续表

管道类别		设计压力 P	试验压力
埋地管道	钢管	—	$1.5P$,且不小于 0.4
	铸铁管	$\leqslant 5$	$2P$
		>5	$P+0.5$

注:本表与过去规范不同的是:不再区分强度试验和严密性试验;钢管及有色金属管道的试验压力一般为设计压力的1.5倍。而在旧规范中,中低压地上管道的强度试验压力为设计压力1.25倍,高压管的强度试验压力为设计压力的1.5倍。

(7)当管道与设备作为一个系统进行试验,管道的试验压力大于设备的试验压力,且设备的试验压力不低于管道设计压力的 1.15 倍时,经建设单位同意,可按设备的试验压力进行试验。

(8)水压试验应在气温 5℃ 以上进行,气温低于 0℃ 时要采取防冻措施,试压后及时把水放净。

二、各种常用管道的压力试验

1.室外给水管道

室外给水管道水压试验压力见表 5-2。

表 5-2　　　　　　　　　　室外给水管道水压试验压力　　　　　　（单位:MPa）

管　材	工作压力 P	试验压力 P_s
碳素钢管	P	$P+0.5$,但不小于 0.9
铸铁管	$P\leqslant 0.5$	$2P$
	$P>0.5$	$P+0.5$
预应力、自应力钢筋混凝土管	$P\leqslant 0.6$	$1.5P$
	$P>0.6$	$P+0.3$

注:本表适用于市政给水管道。

2.室内给水排水管道

室内给水管道水压试验的要求见表 5-3。

表 5-3　　　　　　　　　　室内给水管道水压试验压力

管道分类	工作压力 /MPa	试验压力 P_s/MPa	合格标准
室内给水系统及其与消防、生产合用的系统	P	$P_s=1.5P$,但不得小于 0.6	10 分钟内压力降不大于 0.05 MPa,然后降压至工作压力 P 作外观检查,以不漏为合格

隐蔽、埋地的室内排水管道隐蔽前必须进行灌水试验,其灌水高度应不低于底层地面的高度并符合设计要求,满水 15 分钟,水面下降后再满水 5 分钟,水面不降为合格。楼层排水管道应做通水试验,全部排水管道应做通球试验。

一般建筑物雨水管道的灌水高度必须达到每根立管最上部的雨水漏斗。

3.室外供热管网

室外供热管网的水压试验压力见表 5-4。

表 5-4   **室外供热管网的水压试验**

管道分类	工作压力 /MPa	试验压力 P_s/MPa	合格标准
室外供热管网	P	$P_s=1.5P$,但不小于 0.6	在试验压力下观测 10 分钟,如压力降不大于 0.05 MPa;然后降至工作压力进行检查,以不漏为合格

4.室内采暖及热水供应管道

室内采暖及热水供应系统的水压试验要求见表 5-5。

表 5-5   **室内采暖系统及热水供应系统水压试验压力**

管道分类	工作压力 /MPa	试验压力 P_s /MPa	合格标准
低压蒸汽采暖系统 ($P \leqslant 0.07MPa$)	P	以系统顶点工作压力的 2 倍作水压试验,但在系统低点的试验压力不得小于 0.25	在 5 分钟内压力降不大于 0.02 MPa 为合格;如采暖系统低点的试验压力大于散热器所能承受的最大压力,应分层作水压试验
热水采暖系统、热水供应系统及工作压力超过 0.07 MPa 的蒸汽采暖系统	P	以系统顶点工作压力加 0.1 作水压试验,但系统顶点的试验压力不得小于 0.3	

第二节 管道系统的吹洗

管道系统强度试验合格后或严密性试验前,应分段进行吹扫与清洗,简称吹洗。当管道内杂物较多时,也可在压力试验前进行吹洗。对管道进行吹洗的目的是为了清除管道内的焊渣、泥土、砂子等杂物。

一、吹洗介质的选用

管道吹洗所用的介质有水、蒸汽、空气、氮气等。一般情况下,液体介质的管道用蒸气吹扫;气体介质的管道用空气或氮气吹扫。例如:水管道用水冲洗;压缩空气管道用空气吹洗;乙炔、煤气管道也用空气吹洗;氧气管道用无油空气或氮气进行吹扫。

二、吹洗的要求

1.吹洗方法

吹洗方法是根据管道脏污程度来确定的。吹洗介质应有足够的流量,吹洗介质的压力不得超过设计压力,流速不低于工作流速。

2.吹洗的顺序

管道吹洗的顺序一般应按主管、支管、疏排管依次进行,脏液不得随便排放。

3.保护仪表

吹洗前应将管道系统内的仪表加以保护,并将孔、喷嘴、滤网、节流阀及单流阀阀芯等拆除,妥善保管,待吹洗后复位。

4.保护

吹洗时应设置禁区。

三、水冲洗

(1)水冲洗的排放管应从管道末端接出,并接入可靠的排水井或沟中,并保证排泄畅通和安全。排放管的截面积不应小于被冲洗管截面的60%。

(2)冲洗用水可根据管道工作介质及材质选用饮用水、工业用水、澄清水或蒸气冷凝液。如用海水冲洗时,则需用清洁水再冲洗。奥氏体不锈钢管道不得使用海水或氯离子含量超过-25×10^{-6}的水进行冲洗。

(3)水冲洗应以管内可能达到的最大流量或不小于1.5米/秒的流速进行。

(4)水冲洗应连续进行,当设计无规定时,则以出口处的水色和透明度与入口处水色和透明度目测一致为合格。

(5)管道冲洗后应将水排尽,需要时可用压缩空气吹干或采取其他保护措施。

四、空气吹扫

(1)空气吹扫一般采用具有一定压力的压缩空气进行吹扫,其流速不应低于20米/秒。

(2)空气吹扫时,在排气口用白布或涂有白漆的靶板检查,如5分钟内检查其上无铁锈、尘土、水分及其他脏物即为合格。

五、蒸汽吹扫

(1)一般情况下,蒸汽管道用蒸汽吹扫,非蒸汽管道如用空气吹扫不能满足清洁要求时,也可用蒸汽吹扫,但应考虑其结构是否能承受高温和热膨胀因素的影响。

(2)蒸汽吹扫前,应缓慢升温暖管,且恒温 1 小时后,才能进行吹扫;然后自然降温至环境温度,再升温、暖管、恒温进行第二次吹扫,如此反复一般不少于三次。

(3)蒸汽吹扫的排气管应引至室外,并加以明显标志,管口应朝上倾斜,保证安全排放。排气管应具有牢固的支承,以承受其排空的反作用力。排气管道直径不宜小于被吹扫管的管径,长度应尽量短捷。蒸汽流速不应低于 20 米/秒。

(4)绝热管道的蒸汽吹扫工作,一般宜在绝热施工前进行,必要时可采取局部的人体防烫措施。

(5)蒸汽吹扫的检查方法及合格标准:一般蒸汽或其他管道,可用刨光木板置于排汽口处检查,当板上无铁锈、脏物为合格。

六、脱脂

(1)忌油管道系统,必须按设计要求进行脱脂处理。脱脂前可根据工作介质、管材、管径、脏污情况制定管道的脱脂方案。

(2)有明显油迹和严重锈蚀的管子,应先用蒸汽吹扫、喷砂或其他方法清除油迹、铁锈,然后再进行脱脂。

(3)管道脱脂可采用有机溶剂,具体选用可按表 5-6 选用。选用的溶剂或配方须经鉴定合格后,才能使用。

表 5-6　　　　　　　　　　脱脂溶剂性能用途表

名　　称	用　　途
二氯乙烷	有毒、易燃,适用于有色金属脱脂,对黑色金属有腐蚀
四氯化碳	有毒、不燃,适用于黑色金属和非金属脱脂,对有色金属有腐蚀
三氯乙烯	有毒、易燃,适用于金属脱脂,无腐蚀
精馏酒精	浓度不低于 96%,无毒、易燃,脱脂性差

(4)脱脂方法。

1)管子内表面脱脂可将一端先用塞子堵死,灌入溶剂后,把另一端也堵塞,平放保持 15 分钟左右,并把管子滚动3~4次。也可将管子浸入盛有脱脂溶液的长槽内脱脂,最后将管内溶液倒出用排风机吹干或自然风吹干。

2)金属管件应放在封闭容器的溶液中浸泡 20 分钟以上,非金属管件浸泡1.5~2 小时,取出后挂在风中吹干。

3)石棉填料可在 300℃ 温度下,灼烧 2~3 分钟,脱脂后涂以石墨。

(5)检查脱脂质量的方法及合格标准:用清洁干燥的白滤纸擦拭管道及附件

内壁,纸上无油脂痕迹为合格。也可用紫外线灯照射,脱脂表面无紫蓝色萤光为合格。

七、油清洗

(1)润滑、密封及控制油管道,应在机械及管道酸洗合格后,系统试运转前进行油清洗。不锈钢管,宜用蒸汽吹洗干净后进行油清洗。

(2)油清洗应采用适合于被清洗机械的合格油品。

(3)油清洗的方法应以油循环的方式进行,循环过程中每 8 小时应在 40~70℃的范围内反复升降油温 2~3 次,并应及时清洗或更换滤芯。

(4)油清洗应达到设计要求标准,当设计文件或制造厂无要求时,管道油清洗后应采用滤网检验,合格标准应符合表 5-7 的规定。

表 5-7　　　　　　　　　　　　油清洗合格标准

机械转速/(转/分钟)	滤网规格(目)	合格标准
≥6000	200	目测滤网,无硬粒及黏稠物;每平方厘米
<6000	100	范围内,软杂物不多于 3 个

(5)油清洗合格的管子,应采取有效的保护措施。

第三节　管道防腐

一、管道的涂漆

1. 管道的表面清理

(1)钢管的刷油应在管道试压合格后进行。实际工作中一般是在管道安装前刷第一遍油漆,但要留出焊接部位,待安装及试压完毕后再完成全部油漆工作。

(2)刷油前,要将管道表面的尘土、油垢、浮锈和氧化皮除掉。焊缝应清除焊渣、毛刺。金属表面粘有较多的油污时,可用汽油或浓度为 5% 的烧碱溶液清刷,等干燥后再除锈。如不清除杂物,将影响油漆与金属表面结合。

(3)管道除锈有人工除锈、机械除锈和酸洗除锈。

1)人工除锈使用钢丝刷或砂布进行。

2)机械除锈使用电动机除锈机、各种电动除锈工具或喷砂法进行。

3)钢管酸洗除锈一般用硫酸或盐酸进行。硫酸浓度一般为 10%~15%,在室温下浸泡时间 15~60 分钟,如将酸液加热到 60~80℃,除锈明显加快。配制硫酸溶液时,应把硫酸徐徐倒入水中,严禁把水倒入硫酸中。盐酸浓度一般为

10％～15％,酸洗在室温下浸泡时间约 12 分钟。酸洗后要用清水洗涤,并用 50％浓度的碳酸钠溶液中和,最后用热水冲洗 2～3 次,并干燥。

2.管道的涂漆

(1)管道涂漆可采用手工涂刷或喷涂法。手工涂刷时,应往复、纵横交错涂刷,保证涂层均匀;喷漆是利用压缩空气为动力进行喷涂。

(2)涂漆施工的程序是:第一层底漆或防锈漆(一道或两道,一般两道),第二层面漆(调和漆或磁漆等,一般两道)。如果设计有要求,第三层多为罩光清漆。现场涂漆一般任其自然干燥,多层涂漆的间隔时间,应保证漆膜干燥,涂层未经干燥,不得进行下一工序施工。

(3)涂层质量应符合下列要求:漆膜附着牢固,涂层均匀,无剥落、皱纹、流挂、气泡、针孔等缺陷;涂层完整,无损坏,无漏涂。

二、管道的防腐

埋地的钢管和铸铁管一般均需进行防腐。铸铁管具有较好的耐腐蚀性,因此,埋地时只需涂 1～2 道沥青漆。铸铁管出厂时防腐层良好,在现场无需再涂沥青漆。

钢管的防腐层做法由设计根据土壤的腐蚀性要求决定,一般分为三种,即普通防腐层、加强防腐层和特加强防腐层,对于含盐量、含水量都小的土壤,可采用普通防腐层。实际工程中大部分埋地钢管采用加强防腐层。

第六章　管道工安全操作技术

第一节　管道工临时用电施工安全

（1）在管道工操作的施工现场的配电屏（盘）或配电线路维修时，应悬挂停电标志牌。停、送电必须由专人负责。

（2）管道工施工所使用的电力为 400/200 V 的自备发电机组的排烟管道必须伸出室外。发电机组及其控制配电室内严禁存放储油桶。

（3）管道工施工所使用的发电机组电源应与外电线路电源联锁，严禁并列运行。

（4）管道工操作时所使用的架空线必须采用绝缘铜线或绝缘铝线。

（5）管道工操作时所使用的架空线必须设在专用电杆上，严禁架设在树木、脚手架上。

（6）管道工操作现场，经常过负荷的线路、易燃易爆物邻近的线路、照明线路，必须有过负荷保护。

（7）管道工所使用的电缆干线应采用埋地或架空敷设，严禁沿地面明设，并应避免机械损伤和介质腐蚀。

（8）管道工所使用的电缆穿越建筑物、构筑物、道路、易受机械损伤的场所及引出地面从 2 m 高度至地下 0.2 m 处，必须加设防护套管。

（9）管道工所使用的橡皮电缆架空敷设时，应沿墙壁或电杆设置，并用绝缘子固定，严禁使用金属裸线作绑线。固定点间距应保证橡皮电缆能承受自重所带来的荷重。橡皮电缆的最大弧垂距地不得小于 2.5 m。

（10）管道工所使用的室内配线必须采用绝缘导线。采用瓷瓶、瓷（塑料）夹等敷设，距地面高度不得小于 2.5 m。

（11）管道工所使用的每台用电设备应有各自专用的开关箱，必须实行"一机一闸"制，严禁用同一个开关直接控制两台及两台以上用电设备（含插座）。

（12）管道工所使用的开关箱中必须装设漏电保护器。

（13）管道工所使用的开关箱内的漏电保护器的额定漏电动作电流应不大于 30 mA，额定漏电动作时间应小于 0.1 秒。使用于潮湿和有腐蚀介质场所的漏电保护器应采用防溅型产品。其额定漏电动作电流应不大于 15 mA，额定漏电动作时间应小于 0.1 秒。

（14）管道工所使用的进入开关箱的电源线，严禁用插销连接。

（15）在管道工操作期间，对配电箱及开关箱进行检查、维修时，必须将其前一级相应的电源开关分闸断电,并悬挂停电标志牌,严禁带电作业。

(16)管道工操作过程中,对下列特殊场所应使用安全电压照明器。

1)隧道、人防工程,有高温、导电灰尘或灯具离地面高度低于 2.4 m 等场所的照明,电源电压应不大于 36 V;

2)在潮湿和易触及带电体场所的照明电源电压不得大于 24 V;

3)在特别潮湿的场所、导电良好的地面、锅炉或金属容器内工作的照明电源电压不得大于 12 V。

(17)管道工操作过程中所使用的照明变压器必须使用双绕组型,严禁使用自耦变压器。

(18)管道工操作过程中对于夜间影响飞机或车辆通行的在建工程或机械设备,必须安装设置醒目的红色信号灯。其电源应设在施工现场电源总开关的前侧。

(19)氧气瓶、乙炔瓶与明火距离不小于 10 m。两种气瓶也应保持 5 m 以上距离。

焊接或切割容器和管道时,要查明容器内的气体或液体,对残存的气、液体进行清理后,方准焊接或气焊。

氧气瓶与乙炔瓶口严禁接触油质,不允许带油手套、带油扳手接触气瓶。氧气瓶和乙炔瓶搬运时,应装好瓶帽,在取下瓶帽时,不得用金属锤敲击。

第二节　管道工机械使用施工安全

(1)管道工施工过程中,使用机械的操作人员应体检合格,无妨碍作业的疾病和生理缺陷,并应经过专业培训、考核合格取得建设行政主管部门颁发的操作证或公安部门颁发的机动车驾驶执照后,方可持证上岗。学员应在专人指导下进行工作。

(2)管道工在工作中,操作人员和配合作业人员必须按规定穿戴劳动保护用品,长发应束紧不得外露,高处作业时必须系安全带。

(3)管道工施工过程中所使用的机械必须按照出厂使用说明书规定的技术性能、承载能力和使用条件,正确操作,合理使用,严禁超载作业或任意扩大使用范围。

(4)管道工施工过程中所使用的机械上的各种安全防护装置及监测、指示、仪表、报警等自动报警、信号装置应完好齐全,有缺损时应及时修复。安全防护装置不完整或已失效的机械不得使用。

(5)管道工施工过程中,在变配电所、乙炔站、氧气站、空气压缩机房、发电机房、锅炉房等易于发生危险的场所,应在危险区域界限处,设置围栅和警告标志,非工作人员未经批准不得入内。挖掘机、起重机、打桩机等重要作业区域,应设立警告标志及采取现场安全措施。

(6)管道工施工过程中,在机械产生对人体有害的气体、液体、尘埃、渣滓、放射性射线、振动、噪声等场所,必须配置相应的安全保护设备和三废处理装置;在隧道施工中,应采取措施,使有害物限制在规定的限度内。

附录

附录一　管道工职业技能标准

第一节　一般规定

管道工职业环境为室内、外及高空作业并且大部分在常温下工作(个别地区除外),施工中会产生一定的光辐射、烟尘、有害气体和环境噪声。

第二节　职业技能等级要求

一、初级管道工

1. 理论知识

(1)了解流体力学和材料力学基础知识。

(2)了解识图知识。

(3)熟悉常用工机具、量具的使用和维护方法。

(4)熟悉量尺基准、读尺测绘、比量下料的知识。

(5)了解管道的分类知识。

(6)熟悉常用管道组成件的名称、规格、外观质量标准及用途。

(7)掌握管道除锈知识和管道涂漆工艺要求。

(8)掌握冷调、热调、整圆方法。

(9)掌握管道支架的制作工艺及安装要求。

(10)掌握室内给、排水管道安装知识。

(11)熟悉卫生器具安装知识。

(12)熟悉消防和采暖管道安装要求。

(13)掌握水表安装要求。

(14)熟悉散热器、弹簧式压力表、水位计安装要求。

(15)熟悉排水管道灌水试验的方法、要求。

(16)掌握卫生器具满水、通水试验的方法、要求。

(17)熟悉管道冲洗、消毒方法及要求。

(18)掌握劳保用品种类及用途。

(19)掌握小跨度脚手架的材料和搭拆方法。

2. 操作技能

(1)能够辨识和正确运用常用的管道组成件。

(2)能够正确使用简单的施工机具、工具、量具,并进行一般维护。

(3)能够对金属管进行除锈,进行金属管道的涂漆施工。

(4)能够进行管道量尺和下料。

(5)能够进行管道的调直和整圆。

(6)能够进行一般管道支架的制作、安装。

(7)能够进行室内给、排水管道、消防管道和采暖管道安装。

(8)能够进行卫生器具安装、铸铁柱型散热器的组对与安装。

(9)能够安装水表、弹簧式压力表和水位计。

(10)能够进行室内排水管道灌水试验。

(11)能够进行卫生器具满水、通水试验。

(12)能够进行室内给水管道的冲洗消毒。

(13)能够准备和正确使用个人劳保用品。

(14)能够搭拆 3 m 以内的简单脚手架。

二、中级管道工

1. 理论知识

(1)熟悉流体力学和材料力学基础知识。

(2)熟悉室内给、排水施工图、采暖管道施工图识图知识,管道轴测图常识。

(3)熟悉常用起重设备、工具的种类、规格和使用方法;常用索具的种类、规格、构造及用具。

(4)掌握阀门试验方法及要求。

(5)熟悉管道安装草图绘制方法。

(6)掌握管段下料计算方法。

(7)熟悉焊接三通和单节虾米弯的展开放样、制作工艺。

(8)掌握现场管道预制组合的分类、要求、原则。

(9)熟悉管道沟槽式连接开槽方法和开孔式机械配管方法。

(10)掌握室外给、排水管道安装知识。

(11)熟悉工艺管道安装要求。

(12)掌握热力管道安装知识,补偿器分类安装知识。

(13)掌握自动喷水灭火系统管道施工技术要求。

(14)熟悉地板辐射采暖系统的安装要求。

(15)熟悉热熔、电熔工艺要求。

(16)掌握常用测量仪表的种类及安装方法。

(17)熟悉仪表管道分类、管材及敷设安装方法。

(18)熟悉安全阀的作用、分类及调试定压技术要求。

(19)熟悉阀门检修知识。

(20)熟悉水压试验、设备布置方法。

(21)熟悉热力管网试压、通热要求。

(22)熟悉本工种施工机具安全操作知识。

(23)熟悉本工种安全技术操作规程。

2. 操作技能

(1)能够识读管道施工图及简单工艺管道施工图。

(2)能够正确使用管道起重机具和索具,并会选择钢丝绳型号。

(3)能够进行简单的管道起重操作作业。

(4)能够进行阀门试验。

(5)能够进行管道安装草图的测绘。

(6)能够根据施工图计算工料。

(7)能够进行焊接三通和单节虾米弯的下料制作。

(8)能够进行管道预制。

(9)能够进行管道沟槽式连接和开孔式机械配管的制作安装。

(10)能够进行室外给、排水管道安装。

(11)能够进行车间内部工艺管道的安装。

(12)能够进行热力管道的安装。

(13)能够进行自动喷水灭火消防管道及附件的安装。

(14)能够进行低温热水地板辐射采暖系统的安装。

(15)能够进行聚丙烯等电熔、热熔连接的塑料管道安装。

(16)能够进行温度计、流量计等常用测量仪表的安装。

(17)能够进行仪表管道的敷设和安装。

(18)能够进行安全阀的安装调试。

(19)能够进行常用阀门的一般检修。

(20)能够进行室内外给水试压、冲洗消毒,室外排水管道闭水试漏。

(21)能够进行热力管网试压、通热。

(22)能够进行施工场地、施工机具、工具的安全检查。

(23)能够对施工人员进行安全保护的检查与监督。

三、高级管道工

1. 理论知识

(1)掌握施工图识读要领。

(2)熟悉综合管线布管知识。

(3)熟悉锅炉房管道施工图识读方法。

(4)掌握酸洗配方、步骤。

(5)掌握管道、阀门、垫片的脱脂操作、工艺标准及成品保护知识。

(6)熟悉不锈钢管道安装工艺。

(7)掌握碳素钢管加工及安装技术要求。

(8)熟悉动力管道安装知识。

(9)熟悉有色金属的性质、规格、加工工艺及安装要求。

(10)掌握高层给水、排水、采暖系统的形式,以及管道施工方法。

(11)熟悉长输管道组对对口、补伤补口。

(12)掌握系统调试的内容、方法及要求。

(13)掌握快装锅炉的基本构造和锅炉配管安装知识。

(14)熟悉离心泵的构造分类、型号、安装、试运行及故障排除方法。

(15)掌握燃气管道试压、吹扫工艺。

(16)掌握长输管道试压、通球知识。

(17)掌握管道施工质量标准及质量通病和防治措施。

(18)熟悉竣工资料的作用及种类知识。

(19)熟悉班组管理知识。

(20)熟悉施工作业技术交底和安全技术交底知识。

(21)掌握施工流水作业知识。

(22)掌握水暖管道工程量计算规则。

(23)熟悉本工种国家规范及强制性条文知识。

(24)掌握安全生产和文明施工的一般规定。

2. 操作技能

(1)能够识读有关建筑施工图。

(2)能够识读综合管线图。

(3)能够识读锅炉房管道施工图。

(4)能够进行管材的酸洗除锈操作。

(5)能够进行管材的脱脂操作,阀门、垫片的脱脂操作。

(6)能够进行不锈钢管道的安装。

(7)能够进行碳素钢管的安装。

(8)能够进行氧气、乙炔、输油、燃气、压缩空气管道安装。

(9)能够进行铜管、铜合金管及铝管、铝合金管的安装。

(10)能够进行高层建筑民用管道施工。

(11)能够进行天然气长距离输送管道施工。

(12)能够进行自喷消防、热水采暖的系统调试。

(13)能够安装快装锅炉和全部配管并作吹洗、试压和试运行。

(14)能够进行设备重量在 0.5t 以下泵类及泵管路安装,并能排除试运行的一般障碍。

(15)能够进行燃气管道的试压、吹扫。

(16)能够进行天然气长距离输送管道的试压、通球。

(17)能够进行室内外给水、排水、采暖、燃气工程质量自检、互检、交接检。

(18)能够提交有关竣工资料。

(19)能够带领班组进行施工。

(20)能够进行施工作业技术交底和安全技术交底,编制本专业具体的安全技术措施。

(21)能够编制给水、排水、采暖管道施工预算。

(22)能够根据国家规范及强制性条文指导施工生产。

四、管道工技师

1. 理论知识

(1)熟悉动力站管道施工图。

(2)熟悉施工用料计划知识

(3)掌握三通等管件展开放样知识。

(4)掌握管道强度计算及补偿器计算知识。

(5)熟悉施工方案编制的任务、作用、分类。

(6)掌握工艺管道工程量计算规则。

(7)熟悉工业管道有关知识。

(8)掌握异种金属焊接特点及要求。

(9)熟悉制冷原理、制冷剂与冷媒特点知识,制冷管道安装及常见故障排除知识。

(10)熟悉高压管道安装知识。

(11)掌握压力顶管分类、工作坑设置原则,导轨计算以及安装后背墙和顶管纠编方法。

(12)熟悉质量验收标准、质量检查报告写作知识和事故类别分析知识。

(13)熟悉机械维修保养制度的编制方法。

(14)熟悉施工进度计划编制的基础知识。

(15)熟悉技术报告写作的一般知识。

(16)熟悉制定应急预案方法,意外情况的应急处理措施。

(17)熟悉管道工安装技术操作规程。

(18)熟悉培训大纲和教学基础知识。

2. 操作技能

(1)能够识读动力站管道施工图。

(2)能够编制审核施工用料计划。

(3)能够进行高压管道、管件的下料放样。

(4)能够正确选择管材和补偿器。

(5)能够编制管道施工方案并组织施工。

(6)能够编制工艺管道工程的施工预算。

(7)能够根据输送介质和管材特点确定管道的特殊安装工艺。

(8)能够指导焊工对特殊材料施焊。

(9)能够进行一般压缩式制冷系统管道安装、调试及排除运行过程中的管道系统故障。

(10)能够进行高压管道安装。

(11)能够进行压力顶管施工。

(12)能够对管道工程安装的质量进行检查。

(13)能够撰写质量检评报告。

(14)能够分析处理管道系统一般质量事故。

(15)能够编制机械设备管理维修保养制度。

(16)能够编制施工进度计划以及施工进度控制。

(17)能够撰写本专业的技术总结。

(18)能够编写应急预案,并对施工中的意外情况进行处理。

(19)能够对低级别管道工进行技能操作和专业理论知识的培训。

五、管道工高级技师

1. 理论知识

(1)熟悉管道工程质量计划编制方法。

(2)熟悉编制单位工程施工组织设计的程序和方法。

(3)熟悉锅炉汽、水管道安装知识。

(4)熟悉动力站工艺流程及安装知识。

(5)熟悉石化装置工艺流程及安装知识。

(6)熟悉给水、排水、采暖管道及工业管道设计计算基础知识。

(7)熟悉故障分析知识。

(8)熟悉质量缺陷分析知识。

(9)熟悉《质量管理体系要求》、《环境管理体系要求及使用指南》和《职业健康安全管理体系规范》知识。

(10)了解论文写作一般知识。

(11)了解计算机基本知识与操作方法。

(12)了解科学试验研究方法。

(13)熟悉培训大纲和相关教学知识。

2．操作技能

(1)能够编制管道工程质量计划。

(2)能够参与编制单位工程施工组织设计。

(3)能够进行小型电站锅炉全系统的安装。

(4)能够组织动力站管道的施工以及排除动力站常见故障。

(5)能够组织进行石化装置的工艺管道安装。

(6)能够进行给水、排水、采暖管道及工业管道的简单设计。

(7)能够对易燃易爆管道事故进行分析及处理。

(8)能够对管道施工中的质量缺陷进行分析,并制定改进方案。

(9)能够根据《质量管理体系要求》(GB/T 19001－2000)、《环境管理体系要求及使用指南》(GB/T 24001－2004)和《职业健康安全管理体系规范》(GB/T 28001－2001)指导施工生产。

(10)能够撰写技术总结和论文。

(11)能够进行计算机的一般操作。

(12)能够收集本专业信息,研究、推广应用新技术、新材料。

(13)能够对低级别管道工进行技能操作和专业理论知识的培训。

附录二　管道工职业技能考核试题

一、填空题(10 题,20%)

1.管子对口对好后,宜用 ___点焊固定___ 。其长度一般为 10～15 mm,高度为 2～4 mm 且不应超过管壁厚度的 2/3。

2. ___手工电弧焊___ 几乎适用于各种钢材的焊接,也适用于部分有色金属及合金的焊接。

3.铸铁管承插连接,连接的工序一般分为:管材检查和接口前准备、打麻丝 (或橡胶圈)、打接口材料和 ___养护___ 4 个阶段。

4.室内给水管道不宜穿过沉降缝、 ___伸缩缝___ ,如必须穿过时,宜采取有效措施。

5.冷、热水管 ___平行安装___ 时,热水管应在冷水管的上面。

6.室内给水横管宜有 ___0.002～0.005___ 坡度坡向泄水装置。

7.室内消火栓应分布在建筑物的各层中,并宜设在 ___楼梯间___ 、门厅、走廊等显眼易取用的地点。

8.硬聚氯乙烯排水管与排水铸铁管连接时,捻口前应先打毛管外壁,再以油麻、__石棉水泥__进行接口。

9.一般片式散热器采暖都是__对流采暖__。

10.管道系统水压试验应用__洁净水__作介质。

二、判断题(10题,10%)

1.管道坡度用"i"表示,坡向用单面箭头,箭头指向高的一端。 （×）

2.为了增强铸铁管的防腐蚀性能,在管子的外表面往往涂防锈漆。 （×）

3.低压流体输送钢管,其钢管都是有缝钢管,一般用 Q235 钢制成。 （√）

4.镀锌钢管材质软,焊接性能好,常采用焊接连接方式。 （×）

5.镀锌管因防腐性能好,可直接存放在地上或室外。 （×）

6.用作铸铁管接口密封材料的水泥一般是 32.5 级以上的硅酸盐水泥。

（√）

7.扁钢的规格以宽度×厚度来表示。 （√）

8.根据能承受的压力,给水铸铁管可分为低压、中压和高压 3 个压力级别。

（√）

9.减压阀不仅适用于蒸汽、空气等清洁气体介质,也适用于液体的减压 。

（×）

10.管子焊接,管子坡口可用坡口机、角向砂轮打磨机等加工,而不允许用氧-乙炔焰坡口加工。 （×）

三、选择题(20题,40%)

1.排水铸铁管用于重力流排水管道,连接方式为__A__。

A. 承插 　　　B. 螺纹 　　　C. 法兰 　　　D. 焊接

2.管子弯曲,一般情况下,中低压管道的壁厚减薄率不超过__C__。

A.5% 　　　B.10% 　　　C.15% 　　　D.20%

3.用有缝管弯制弯管时,其纵向焊缝应放在距弯管中心轴线上下__C__角的位置区域内。

A. 15° 　　　B. 30° 　　　C.45° 　　　D. 60°

4.热弯管子外径__B__mm 以上的管子应充砂。

A. 25 　　　B. 32 　　　C. 40 　　　D. 50

5.气焊是利用可燃气体与助燃气体混合燃烧所释放的热量作热源进行金属材料的焊接,助燃气体为__B__。

A. 氢气 　　　B. 氧气 　　　C. 氩 　　　D. 乙炔

6.管道架空敷设,中支架距地面高度一般为__B__m。

A. 0.5～1.0　　　　B. 2.5～4　　　　C. 4～6　　　　　D. 8

7. 石棉水泥接口的养护时间为　B　小时。

A. 12　　　　　　B. 24　　　　　　C. 36　　　　　　D. 48

8. 生活饮用水不得因回流而被污染,要求给水管配水出口高出用水设备溢流水位的最小空气间隙为　B　。

A. 2.5 mm　　　B. 管径的 2.5 倍　C. 2.5 cm　　　D. 100 mm

9. 室外给水铸外地人管水压试验值设计无要求时,其强度试验压力值应为　D　MPa(工作压力 $P \leqslant 0.5$MPa)。

A. P　　　　　B. 1.25P　　　　C. 1.5P　　　　D. 2P

10. 室内排水排出管做灌水试验,灌水高度应不低于底层地面高度,满水　C　min,再灌满延续 5min,液面不降为合格。

A. 5　　　　　　B. 10　　　　　　C. 15　　　　　　D. 20

11. 洗脸盆安装高度(自地面至器具上边缘)为　A　mm。

A. 800　　　　　B. 1000　　　　　C. 1100　　　　　D. 1200

12. 如无设计要求,热水采暖和热水供应管道及汽水同向流动的蒸汽和凝结水管道,坡度一般为　A　。

A. 0.003　　　　B. 0.005　　　　C. 0.002～0.005　D. ≮0.005

13. 散热器支管长度大于　B　m 时,应在中间安装管卡或托钩。

A. 1　　　　　　B. 1.5　　　　　　C. 2　　　　　　D. 3

14. 管道系统的水压试验应在环境温度　B　以上进行,当气温低于 0℃时,应采取防冻措施。

A. 0℃　　　　　B. 5℃　　　　　C. 10℃　　　　　D. 25℃

15. 工作介质为气体的管道,在投入使用前一般应用　A　进行吹扫。

A. 空气　　　　　B. 蒸汽　　　　　C. 工作介质　　　D. 二氧化碳

16. 碳钢管普通防腐层第一层(从金属表面管起)所用材料为　A　。

A. 冷底子油　　　B. 沥青碲玛脂　　C. 防水卷材　　　D. 保护层材料

17. 硬聚氯乙烯管热加工的关键是要掌握好　B　。

A. 加热方法　　　B. 加热温度　　　C. 加热时间　　　D. 加热工具

18. 输送介质工作压力大于　A　的管道称为高压管道。

A. 10 MPa　　　B. 12 MPa　　　C. 16 MPa　　　D. 20 MPa

19. 硬聚氯乙烯的　C　良好。

A. 耐热性　　　　B. 抗老化性　　　C. 化学稳定性　　D. 机械性能

20. 乙炔管道因气温影响而热胀或冷缩时,一般采用　D　解决。

A. 安装方形补偿器　　　　　　　　B. 安装波形补偿器

C. 安装鼓形补偿器　　　　　　　　D. 自然补偿法

四、问答题(5题,30%)

1.管道敷设应注意哪些事项?

答:管道敷设注意事项:(1)管路敷设不应挡门、窗,应避免通过电动机、配电盘等上方。(2)供液管路不应有气囊,吸气管路不应有液囊,以免发生气阻或液阻现象。(3)管路敷设应有坡度,坡度方向应符合设计要求。(4)管路与阀门重量不应支承在设备上,尽量用支(吊)架将重力分散。(5)当分支管从主干管上侧引出时,在支管靠近主管处安装阀门时,宜装在分支管的水平管段上。(6)管路上安装仪表用各控制点,应在管路安装时同时进行。(7)采用无缝冲压管件,不宜直接与平焊法兰焊接。(8)地下敷设或暗装管道试压、防腐或保温后,应办理隐蔽工程验收手续,并填写《隐蔽工程记录》,方可封闭管道。

2.室内给水系统一般由哪几部分组成?

答:室内给水系统一般由引入管、水表节点、室内管道系统、给水附件、升压和贮水设备、室内消防设备所组成。

3.简述水表安装要求。

答:水表应安装在查看方便、不受曝晒、不受污染和不易损坏处。引入管上水表宜装在室外检查井中,表前后装设阀门,为保证水表计量准确,螺翼式水表上游侧应有 8～10 倍水表口径的直管段,其他类型水表前后应有不小于 300 mm的直管段,水表应水平安装,水表外壳箭头方向与水流方向须一致。

4.管道系统的吹洗顺序和介质是什么?

答:管道系统吹洗顺序一般应按主管、支管、疏排水管依次进行。

吹洗所常用的介质是水、压缩空气和蒸汽。一般可用装置中的气体压缩机、水泵和蒸汽锅炉等为吹洗动力设备。

5.施工现场安全生产的基本要求是什么?

答:施工现场安全生产的基本要求:

(1)进入现场戴好安全帽,扣好帽带,并正确使用个人劳保用品。

(2)3 m 以上的高空、悬空作业要有安全措施。

(3)高空作业的要点是防止坠落和砸伤。

(4)电动机械设备,有可靠安全接地和防护装置。

(5)非本工种人员严禁使用机电设备。

(6)非操作人员严禁进入吊装区域,吊装机械必须完好,桅杆垂直下方不准站人。

参 考 文 献

[1] 北京土木建筑学会.安装工程施工技术手册[M].武汉:华中科技大学出版社,2008.

[2] 冯秋良.实用管道工程安装技术手册[M].北京:中国电力出版社,2006.

[3] 北京土木建筑学会.建筑给水排水及采暖工程施工操作手册[M].北京:经济科学出版社,2005.

[4] 北京市地方性标准.建筑安装分项工程施工工艺规程(DBJ/T 01—26—2003)[S].

[5] 建设部人事教育司组织编写.水暖工[M].北京:中国建筑工业出版社,2002.

[6] 曹丽娟.安装工人常用机具使用维修手册[M].北京:机械工业出版社,2008.

[7] 北京土木建筑学会.建筑工程施工技术手册[M].武汉:华中科技大学出版社,2008.

[8] 于培旺.水暖工操作技巧[M].北京:中国建筑工业出版社,2003.

[9] 北京土木建筑学会.建筑施工安全技术手册[M].武汉:华中科技大学出版社,2008.

[10] 杨嗣信.建筑业重点推广新技术应用手册[M].北京:中国建筑工业出版社,2003.

内 容 提 要

　　本书是按原建设部、劳动和社会保障部发布的《职业技能标准》、《职业技能岗位鉴定规范》内容,结合农民工实际情况,系统地介绍了管道工的基础知识以及工作中常用材料、机具设备、基本施工工艺、操作技术要点、施工质量验收要求、安全操作技术等。主要内容包括管道工程用材料,管道工程施工机具,管道下料与连接,管道敷设与安装,管道试验与管道吹洗,管道工安全操作技术。本书做到了技术内容最新、最实用,文字通俗易懂,语言生动,并辅以大量直观的图表,能满足不同文化层次的技术工人和读者的需要。

　　本书是建筑业农民工职业技能培训教材,也适合建筑工人自学以及高职、中职学生参考使用。

图书在版编目(CIP)数据

　　管道工/建设部干部学院　主编
—武汉:华中科技大学出版社,2009.5
　　建筑业农民工职业技能培训教材.
　　ISBN 978-7-5609-5295-6

　　Ⅰ.管…　Ⅱ.建…　Ⅲ.管道施工—技术培训—教材　Ⅳ.TU81

中国版本图书馆 CIP 数据核字(2009)第 049511 号

管道工	建设部干部学院　主编

责任编辑:杜海燕	封面设计:张　璐
	责任监印:张正林

出版发行:华中科技大学出版社(中国·武汉)武昌喻家山
邮　　编:430074
发行电话:(022)60266190　60266199(兼传真)
网　　址:www.hustpas.com

印　　刷:湖北新华印务有限公司

开本:710mm×1000mm 1/16	印张:7.25	字数:146 千字
版次:2009 年 5 月第 1 版	印次:2015 年 9 月第 4 次印刷	定价:17.00 元
ISBN 978-7-5609-5295-6/TU·583		

(本书若有印装质量问题,请向出版社发行科调换)